Auslandswegweiser

Herausgegeben vom

Hamburgischen Welt-Wirtschafts-Archiv

und dem Ibero-amerikanischen Institut

7. Band

SÜDAFRIKA

(Unter Einschluß von Südwestafrika)

von

Dr. H. Blumhagen

Geh. Regierungsrat

Mit einer Übersichtskarte.

Hamburg

L. Friederichsen & Co.

1921

Druck von J. J. Augustin in Glückstadt und Hamburg.

Vorwort.

Südafrika, das Land des immerwährenden Sonnenscheins, hat von jeher eine starke Anziehungskraft auf den deutschen Auswanderer ausgeübt. Lange Jahrzehnte bevor Deutschland seine ihm jetzt entrissene Kolonie Deutsch-Südwestafrika erwarb und damit ein eigenes Zielland für deutsche Einwanderung nach Südafrika gewann, hatten sich Deutsche in der Kapkolonie, dem Transvaal, Oranje-Freistaat und Natal in größerer Anzahl seßhaft gemacht. Insbesondere waren es Farmer, Kleinbauern, Missionare und Kaufleute, die in diesen Ländern bodenständig wurden. Viele von den deutschen Einwanderern haben früher oder später ihr Deutschtum und ihre Sprache aufgegeben und können nicht mehr als Deutsche mitgezählt werden. Manche haben nach Beendigung des Krieges, zermürbt durch die rohe Behandlung während der Kriegsjahre, dem Lande den Rücken gekehrt. Trotzdem stellt noch heute das deutsche Element in den vorgenannten Ländern, die seit dem Jahre 1910 das politische Staatsgebilde der südafrikanischen Union ausmachen, bei der verhältnismäßig geringen weißen Bevölkerung des Landes einen immerhin beachtenswerten Bruchteil der Bevölkerung dar. Diese Tatsache läßt mit Sicherheit erwarten, daß auch in Zukunft die in der Union ansässigen Deutschen Verwandte und Bekannte nach sich ziehen werden, und der weitere Umstand, daß der Deutsche in Südafrika immer als vorbildliches Siedlerelement geschätzt wurde, läßt die Annahme gerechtfertigt erscheinen, daß die Regierung im Laufe der Zeit von der jetzt geübten Behinderung der deutschen Einwanderung mehr und mehr Abstand nehmen wird. Tatsächlich hat gerade in den letzten Tagen vor Fertigstellung dieser Schrift die Unionsregierung das bisherige Erfordernis einer in Südafrika einzuholenden besonderen Einwanderungserlaubnis für Deutsche fortfallen lassen.

Mit einer zunehmenden Auswanderungsbewegung nach Südafrika, die mit ziemlicher Sicherheit einsetzen wird, wird sich das Bedürfnis nach einem zuverlässigen Wegweiser, der über die gegenwärtigen politischen Zustände und wirtschaftlichen Verhältnisse der Länder Südafrikas zuverlässige Auskunft gibt, geltend machen. Diesem Bedürfnis, das sich um so fühlbarer machen dürfte, als neuere aufklärende Schriften in deutscher Sprache über Südafrika nicht vorhanden sind, will die vorliegende kleine Abhandlung gerecht zu werden suchen.

Von den Ländern der südafrikanischen Union sind die Kapprovinz, der Transvaal und der Oranje-Freistaat — soweit dies im Rahmen der kurzen Abhandlung angängig erschien — ausführlicher behandelt worden; ein näheres Eingehen auf die wirtschaftlichen Verhältnisse Natals konnte unterbleiben, da diese ziemlich rein englische Provinz für deutsche Einwanderung weniger in Frage kommt. Bei Erörterung der Verhältnisse der früheren deutschen Kolonie Südwestafrika, über die an sich eine gute reichhaltige Literatur besteht, sind hauptsächlich die neuentstandenen Zustände gewürdigt worden. Die Darstellung der Verhältnisse Südrhodesiens, das an sich zwar ein aussichtsreiches Siedelungsgebiet ist, aber wegen seiner rein englischen Verwaltung und Bevölkerung keine Aussichten für eine nennenswerte deutsche Einwanderung eröffnet, konnte sich auf eine kurze Beleuchtung der Siedlungsmöglichkeiten beschränken, während das Betschuanaland-Protektorat, das Swaziland und Basutoland, als der Einwanderung überhaupt verschlossene Eingeborenenreservate, aus der Betrachtung ausscheiden konnten.

Was meine Legimitation zur Abfassung eines Wegweisers über Südafrika angeht, so will ich bemerken, daß ich bis zum Jahre 1919 über 14 Jahre lang dienstlich in Südwestafrika tätig war und kurz vor Kriegsausbruch durch eine mehrmonatige dienstliche Studienreise in den verschiedenen Teilen der Union mich mit den dortigen wirtschaftlichen Verhältnissen vertraut gemacht habe und daß ich seit meiner Rückkehr nach Deutschland bestrebt gewesen bin, mich durch Pflegung von Beziehungen nach Süd- und Südwestafrika über die dortigen Zustände auf dem Laufenden zu erhalten. Wenn trotzdem diese oder jene Angabe des Wegweisers über kurz oder lang nicht mehr zutreffen sollte, so liegt dies darin begründet, daß die wirtschaftlichen und politischen Verhältnisse, insbesondere auch die Handhabung der Einwanderungsbestimmungen, wie z. Zt. fast überall in der Welt, so auch in Südafrika stark im Flusse und manchem Wechsel unterworfen sind.

Mit diesem Nachteil, der im übrigen den Wert des Wegweisers auch für spätere Jahre als Quelle für eine allgemeine Orientierung kaum beeinträchtigen dürfte, wird man jedoch heutzutage bei jeder Auswanderungsliteratur zu rechnen haben, und jeder Auswanderer wird gut tun, vor seiner endgültigen Entschließung die neueste Auskunft des Reichswanderungsamts oder einer sonstigen zuverlässigen Beratungsstelle einzuholen.

Berlin, im Juni 1921.

Dr. H. Blumhagen.

Inhalts-Übersicht.

A. Südafrika im Ganzen.

Die Bezeichnung „Südafrika" hat sowohl eine geographische, als auch eine politische Bedeutung. Unter Südafrika im geographischen Sinne versteht man den südlichen Teil des afrikanischen Erdteils; eine feste Begrenzung ist jedoch mit diesem Begriff nicht verbunden. Jedenfalls zählen aber die Geographen außer den am weitesten südlich gelegenen britischen Besitzungen auf der Westseite noch Südwestafrika und Angola und auf der östlichen Seite noch Mozambique zu Südafrika. Unter Südafrika im politischen Sinne pflegt man jedoch im allgemeinen nur die britischen Besitzungen im südlichen Afrika zu verstehen, meist sogar nur das politische Gebilde der Union von Südafrika. Im letzteren Sinne wird der Begriff auch in der vorliegenden Schrift — soweit Mißverständnisse nicht zu befürchten sind — zumeist gebraucht werden.

Um jedoch zunächst noch bei dem geographischen Begriff Südafrika — also bei dem gesamten Südafrika — zu verweilen, so muß man sich ja ohne weiteres darüber klar sein, daß selbst unter Ausscheidung von Angola und Mozambique es sich noch um ein riesiges Gebiet handelt, das von klimatischen, völkischen und wirtschaftlichen Gesichtspunkten aus außerordentliche Verschiedenheiten aufweisen muß. Das ist denn auch der Fall. Immerhin sind aber doch auf geographischem und klimatischem und auch wirtschaftlichem Gebiet eine Reihe von Übereinstimmungen oder wenigstens Ähnlichkeiten vorhanden, die eine Darstellung im Zusammenhang zulassen und angezeigt erscheinen lassen.

Ganz Südafrika bildet ein allmählich von den Meeresküsten in Terrassen ansteigendes Hochplateau. Der Aufstieg vollzieht sich im Osten schneller als auf der westlichen und südlichen Seite. Die Küstenländer weisen verschiedenartigen Charakter auf; so bildet das Küstengelände in Südwestafrika und in der nördlichen Kapprovinz in einer Breite von über 100 km landeinwärts eine reine Wüste mit verhältnismäßig kühlem Klima; eine Folge des an die Küste herantretenden kalten Meeresstroms. Bei Kapstadt und an der südlichsten Meeresküste finden wir eine durch starke Winterregen ausgezeichnete Küstenzone vor; während an der Ostseite die Küstenlandschaften reiche Sommerregenfälle und mehr tropischen Charakter aufzuweisen haben. Bei den Hochländern hingegen lassen sich sowohl für die Union von Südafrika, als auch für Südwestafrika und Südrhodesien eine Reihe von gleichartigen oder ähnlichen Grundzügen feststellen.

Die gesamte Hochfläche hat Steppencharakter; teilweise trägt diese Steppe nur Graswuchs, wie im Oranje-Freistaat oder nur Futterpflanzen, wie in der sog. Karoo; meist treten jedoch neben Gras- und Futterpflanzen dorniges Buschwerk und — insbesondere an den Flußläufen — auch Bäume auf. Fast alle diese Ländereien sind zur Viehweide, sei es für Groß- oder für Kleinvieh, geeignet und stellenweise auch zum Ackerbau. Diese Eigenschaft als riesiges Weidegebiet drückt den gesamten Hochflächen von Südafrika ihren Stempel auf und stellt auch den eigentlichen Wert dieser Gebiete dar. Gold und Diamanten werden eines Tages in Südafrika abgebaut sein; aber die Vieh- und Landwirtschaft wird die Quelle des Wohlstandes für ganz Südafrika bleiben. Leicht hat es aber die Natur der Farmwirtschaft in Südafrika nicht gemacht, denn das gesamte Hochplateau ist wasserarm, vor allem regenarm. Schiffbare Flüsse gibt es in Südafrika überhaupt nicht und die wenigen, die das ganze Jahr hindurch fließen, haben keine nennenswerte wirtschaftliche Bedeutung. Die ungezählten nach stärkeren Regenfällen längere oder kürzere Zeit fließenden, sonst aber ausgetrocknet daliegenden Flußbetten (Riviere) haben zwar eine hervorragende Bedeutung für die Farmwirtschaft in ganz Südafrika, da sie Brunnen- und Stauanlagen für Viehtränken und künstliche Bewässerung ermöglichen. In der Hauptsache ist jedoch der Farmer in ganz Südafrika für die Erneuerung seines Weidefeldes und etwaigen Ackerbau auf den Regenfall angewiesen und dieser läßt fast in jedem Jahr zu wünschen übrig. Entweder erhalten weite Landstriche in einem Jahr überhaupt so wenig Regen, daß die Weide sich nicht erneuern kann, dann verhungern die Schafe und anderes Vieh, wie auch in Australien, zu Millionen oder müssen geschlachtet werden. So gingen im Jahre 1918/19 in der südafrikanischen Union $3^1/_2$ Millionen Schafe an Futtermangel ein, 2 Millionen wurden geschlachtet, um — versuchsweise — die Muttertiere zu retten. Oder aber es fällt an sich genügend Regen, jedoch in so weiten Zwischenräumen, daß die neuen Gräser oder die Feldfrüchte wieder vertrocknen. Unter diesem mangelnden oder ungünstig verteilten Regenfall leiden die sämtlichen Hochländer nicht nur der Unionsstaaten sondern auch Südwestafrikas und Rhodesiens. Zwar weisen die östlichen und nördlichen Länder, wie z. B. der nördliche Transvaal, das östliche Südrhodesien und der Bezirk Grootfontein in Südwestafrika einen stärkeren Regenfall als die westlichen Hochflächen auf, doch sind Mißernten infolge Regenmangels oder schlechter Regenverteilung auch dort keine Seltenheiten. Der Regen auf dem Hochplateau fällt fast ausschließlich in der wärmeren Jahreszeit, etwa in den Monaten November bis März, während in den anderen Monaten selten einmal Wolken am Himmel erscheinen, geschweige denn Regen niedergehen. Dieser wolkenlose Himmel gestattet der Sonne in Südafrika die vollste Auswirkung. Der Transvaal hat z. B. im Jahr durchschnittlich 3330 Stunden Sonnenschein, während Monte Carlo deren 2500 und England nur 1400 hat.

Die Hochländer Südafrikas haben sog. subtropisches Klima, das etwa zwischen dem tropischen und gemäßigten Klima die Mitte hält. Es besteht ein fühlbarer Unterschied zwischen Sommer und Winter, und Nachtfröste sind in manchen Gegenden keine Seltenheit. Die Sommertage sind zwar im Vergleich zu einem Sommertage in Deutschland, nach Hitzegraden ausgedrückt, erheblich heißer. Doch einmal wird die Hitze wegen der hochgradigen Lufttrockenheit nicht als besonders lästig empfunden und außerdem bringen die Abende und Nächte selbst in der heißesten Zeit eine wesentliche Abkühlung und dem Körper eine wohltuende Erholung. Man kann deshalb die Hochländer Südafrikas im allgemeinen auch für Europäer als ein durchaus gesundes Land, selbst für dauernden Aufenthalt, bezeichnen, wenn auch in einzelnen Gegenden die Malaria in leichter Form nicht unbekannt ist und Herzkrankheiten infolge großer Höhenlage keine Seltenheit sind. Für Lungenleidende wird das Klima in den Hochländern sogar als heilkräftig von vielen Ärzten bezeichnet.

Auf geologische Verhältnisse, auf Pflanzen- und Tierwelt des gesamten Südafrika näher einzugehen, verbietet Zweck und Umfang des Wegweisers, doch sollen bei der nun folgenden Schilderung der Verhältnisse der verschiedenen Länder auch diese Gebiete mitbehandelt werden, soweit dies geboten erscheinen sollte.

Der politischen Gliederung nach setzt sich das gesamte Südafrika zusammen aus der südafrikanischen Union, einem Bestandteil des englischen Weltreichs mit Selbstverwaltung, ferner dem Basutoland, Betschuanaland-Protektorat und Swaziland, Eingeborenenreservaten unter einem englischen High Commissioner, ferner Nord- und Süd-Rhodesien, einem unter englischer Oberhoheit stehenden Verwaltungsgebiet der British South Africa Company (meist Chartered Company genannt), schließlich der früheren deutschen Kolonie Südwestafrika und den portugiesischen Kolonien Angola und Mozambique.

B. Die Union von Südafrika.

1. Landesbeschreibung.

Die Union von Südafrika hat eine Bodenfläche von 473 096 englischen Quadratmeilen, das sind rund 150 Millionen Hektar. Die Gesamtbevölkerung beträgt 6 Millionen Menschen, davon sind nach der Zählung von 1918 1 421 781 Weiße. Auf eine englische Quadratmeile kommen in der Union 12,63 Menschen, während in Deutschland auf die gleiche Fläche 310,87 kommen. Die Union setzt sich aus den vier Provinzen: Kap der guten Hoffnung, Natal, Transvaal und dem Oranje-Freistaat zusammen.

Die Kapprovinz macht den südlichsten Teil des afrikanischen Kontinents aus; die Küstenlänge vom Oranje-Fluß, dem Grenzfluß gegen Südwestafrika, bis zur Grenze Natals beträgt etwa 2000 km. Am Atlantischen Ozean ist die Küste in ziemlicher Breite meist niedrig und sandig, während am Indischen Ozean die Berge dichter an das Meer herantreten. Das terassenförmig aufsteigende Land bildet zunächst ein Küstenplateau von etwa 200 m Höhe über dem Meere. Dieses Plateau wird selten breiter als 50 km landeinwärts und zeichnet sich durch gute Regenfälle, teils Winter- teils Sommerregen, aus.

Die hauptsächlichsten Ortschaften an der Küste sind von West nach Ost: Kapstadt, Mossel Bay, Port Elizabeth und East London, auf dem inneren Küstenplateau: Malmesbury, Stellenbosch, Caledon, Swellendam, George, Humansdorp und Grahamstown.

An das Küstenplateau schließt sich die sog. „Südliche Karoo" mit einer Erhebung von 350—600 m über dem Meere an. In diesem verhältnismäßig schmalen Streifen liegen an größeren Ortschaften Oudtshoorn, Worcester, Robertson, Ladysmith und Uniondale.

Weiter nach dem Innern zu folgt als dritte Terasse die sog. „Große Karoo" mit einer Erhebung von 600—900 m. An größeren Orten in dieser Zone sind zu nennen: Beaufort-West, Aberdeen, Willowmore, Graaff-Reinet und Cradock. Zur Regenzeit stellt diese Große Karoo eine üppig grünende Landschaft dar, während sie zur trocknen Jahreszeit den Eindruck einer Wüste macht.

Anschließend an die große Karoo folgen nach Norden, bezw. Nordwesten und Nordosten bis zum Orangefluß Hochländer unter verschiedenen Namen mit Erhebungen von 900—1800 m über dem Meere. Größere Ortschaften dieser Region sind: Middelburg, Burchersdorp, Dordrecht, Hanover, Victoria West, Carnavon und Fraserburg. Als Fortsetzungen dieser Hochländer kann man im Norden Griqualand-West mit Kimberley und das Betschuanaland mit Vryburg und Mafeking und im Osten das Hinterland von East London, mit Ortschaften wie Stutterheim, King Williamstown und Queenstown ansehen. Die verschiedenen Terassen sind mit Gebirgsstöcken reichlich durchsetzt. Seen kommen nicht vor; die Flüsse sind, abgesehen vom Vaalfluß, Orangefluß und dem Buffalo-River, der bei East London ins Meer geht, und einigen anderen unbedeutenden Flüßchen keine das ganze Jahr hindurch fließenden, sondern ausgetrocknete und nur auf Regengüsse hin Wasser führende.

Das Klima ist im allgemeinen gesund, doch in den einzelnen Teilen des ausgedehnten Landes natürlich sehr verschieden Regenmengen und Temperaturen weichen gleichfalls je nach der Gegend erheblich voneinander ab.

Natal ist als ein fast tropisches Land anzusprechen. Es steigt verhältnismäßig schnell von der Küste bis zu den über 3000 m hohen Drachenbergen auf und ist von zahlreichen ständig fließenden kleinen Flüssen durchschnitten. Das Klima ist in den Küstenregionen ziemlich tropisch, wird aber in größerer Höhenlage gemäßigter. Das Land ist in den niederen Regionen für tropische Pflanzungen, in den mittleren für Getreidebau und in den höheren auch für Viehzucht gut geeignet. Für deutsche Einwanderer kommt es wenig in Frage.

Der zwischen dem Orange- und Vaalfluß belegene Orangefreistaat ist ein etwa 1300—1400 m über dem Meer gelegenes Tafelland, bestehend aus riesigen Grassteppen mit kleineren Erhebungen und ohne nennenswerten Baumwuchs. Es ist ein typisches Schafzuchtland. Das Klima ist sehr gesund. Die Regenmenge wechselt erheblich in den einzelnen Jahren, und Dürrejahre sind nicht selten. Außer der Hauptstadt Bloemfontein sind an größeren Orten zu nennen: Kroonstad, Jagersfontein, Harrismith, Ficksburg, Ladybrand und Fauresmith.

An den Orange-Freistaat schließt sich im Norden jenseits des Vaalflusses die Provinz Transvaal an, die im Osten an Portugiesisch-Ostafrika, im Norden an Südrhodesien und im Westen an das Betschuanaland-Protektorat und die Kapprovinz stößt. Der Transvaal hat zwar auch überwiegend Steppencharakter gleich dem Freistaat, ist aber von größeren Gebirgsstöcken durchzogen und in seinen einzelnen Landesteilen sehr verschieden. Der Witwatersrand und die Magalies-Berge teilen das Land in das etwa 1500—2000 m hohe südliche „Hochfeld" und in das etwa 800—1000 hohe nördlich belegene „Buschfeld". Das Hochfeld ist für Viehzucht und Ackerbau sehr geeignet und hat ein gutes

Klima, während das Buschfeld schon mehr tropischen Charakter aufweist und ungesunder ist. Der Regenfall ist weit reichlicher als im Freistaat, doch für die einzelnen Landesteile sehr verschieden. Während z. B. der durchschnittliche Regenfall in Johannesburg 750 mm beträgt, hat die dry farming Versuchsstation in Lichtenburg nur einen solchen von 520 mm. Demgemäß sind auch die wirtschaftlichen Möglichkeiten außerordentlich verschieden. Die nördlichen Distrikte, wie Waterberg und Zoutpansberg gelten als sehr trocken und kommen, soweit sie überhaupt schon besiedelt sind, nur für Viehzucht in Frage. Rustenburg ist der hauptsächlich tabakbauende Bezirk, in anderen überwiegt Maisbau, und die meisten sind für Obstbau vorzüglich geeignet.

Außer den großen Städten Johannesburg und Pretoria gibt es im Transvaal eine Reihe kleinerer Landstädte wie Rustenburg, Lichtenburg, Potchefstrom, Klerksdorp, Heidelberg, Vryheid, Middelburg, Pietersburg und Volksrust.

Eine hervorragende Rolle spielen die Hauptstädte in den einzelnen Provinzen.

Die Hauptstadt der Kapprovinz ist Kapstadt (engl. Cape-Town) mit einer Einwohnerzahl im Jahre 1918 von insgesamt 171 830, darunter 89 701 Weißen; die Hauptstadt von Natal ist Pietermaritzburg mit 35 322 Einwohnern, darunter 16 746 Europäern; die Hauptstadt des Transvaals ist Pretoria mit etwa 60 000 Einwohnern, davon nach der Zählung von 1918 41 690 Weiße und die Hauptstadt des Orange-Freistaates ist Bloemfontein mit 14 646 weißen und etwa 16 000 farbigen Einwohnern. Die Hauptstädte bilden den Sitz der Provinzialverwaltungen der einzelnen Provinzen; Pretoria ist gleichzeitig Sitz der gesamten Verwaltung der Union, während in Kapstadt das Parlament der Union tagt.

2. Geschichtliche Entwicklung.

Wer sich in der südafrikanischen Union niederlassen will, muß sich unbedingt über den geschichtlichen Werdegang dieses Staates und seiner Bevölkerung zu unterrichten suchen, er wird sonst den dortigen politischen und völkischen Zuständen ziemlich verständnislos gegenüberstehen. Eine gründliche Darstellung dieser Geschichte würde über den Rahmen des Wegweisers hinausgehen, doch sollen die wichtigsten Ereignisse und deren Folgen kurz herausgehoben werden.

Portugiesen waren es, die auf der Suche nach einem Seewege nach Ostindien als erste Seefahrer die südafrikanische Küste erreichten. Bartholomaeus Diaz sichtete im Jahre 1484 zuerst die Südspitze Afrikas, die sein König, Johann II, Kap der guten Hoffnung benannte. Den aufgefundenen Weg verfolgte dann

1497 Vasco de Gama, erreichte auch Indien und entdeckte auf dem Rückwege die Küste von Natal. Nach den Portugiesen nahmen auch die Holländer Handelsfahrten nach Indien auf, und die Holländisch-Ostindische Kompagnie gründete im Jahre 1652 unter Leitung des tatkräftigen Schiffsarztes Johann van Riebeck in der Tafelbay eine Station mit dem Zwecke, die holländischen Handelsschiffe auf dem Wege nach Indien zu verproviantieren. Diesem Zwecke entsprechend begann die Stationsbesatzung bald zu siedeln und erhielt auch Zuzug von Angehörigen anderer Nationen, insbesondere von Deutschen und französischen Hugenotten. Allmählich wurden die Siedlungen, wenn auch gegen den bewaffneten Widerstand der an der Tafelbay ansässigen Hottentotten, weiter ins Inland vorgestreckt. Im Jahre 1657 wurde der Platz Rondebosch bei Kapstadt besiedelt, 1680 wurde unter dem Gouverneur Simon van der Stell Stellenbosch gegründet und 1684 die Weinfarm Constantia angelegt. Um das Jahr 1672 herum hatte die ganze Niederlassung etwa 600 weiße Bewohner, um das Jahr 1700 herum wird deren Zahl auf 1200, für 1744 auf 4000 und für 1807 auf etwa 27 000 angegeben. An dieser Volkszahl, die sich zu der einheitlichen Nation der Buren, wenn auch nicht ohne Widerstände der verschiedenartigen Stämme allmählich zusammengeschlossen hatte, sind nach einer zuverlässigen Kirchenbuchstatistik holländische Elemente mit 50,4 v. H., deutsche mit 27 v. H. und die Hugenotten mit 17,22 v. H. beteiligt. Die Sprache dieser neuen Nation wurde die sog. taal, ein vereinfachtes holländisches Idiom, wie es noch heute in Südafrika von den Buren gesprochen und geschrieben wird.

Der Beginn des neunzehnten Jahrhunderts bedeutet den Wendepunkt im Schicksal des Burenvolkes. Den Engländern war es bereits seit längerem zum Bewußtsein gekommen, daß sie die Tafelbay für ihre Handelsfahrten nach Indien gut brauchen konnten, und es kam so, wie es noch immer gekommen ist, wenn England etwas haben will: die Tafelbay mit Kapstadt und den entfernteren Siedlungen wurde vereinahmt. Nach einigen vorhergehenden fruchtlosen Versuchen am Ende des 18. Jahrhunderts besetzten die Engländer aus Anlaß ihres Krieges mit Frankreich, dem sich Holland hatte verbünden müssen, im Jahre 1795 das Kapland, mußten es allerdings im Frieden von Amiens zunächst an Holland wieder zurückgeben, eroberten es aber 1806 wieder und behielten es im Frieden von Paris vom Jahre 1815. Mit der englischen Herrschaft beginnt auch die Leidensgeschichte der Buren.

Sicherlich war die Verwaltung der früheren holländischen Kompagnie keine mustergültige gewesen, und die englische Verwaltung brachte zunächst manche Besserung und auch wirtschaftlichen Aufschwung. Doch konnten sich die Buren mit der Aufhebung der Sklaverei, die ihnen schwere materielle Verluste brachte, nicht abfinden und als gar die Engländer den Buren die englische Sprache aufzwingen wollten, begannen die „Trekks", die großen Wanderungen der Buren, um sich der Herrschaft ihrer Bedrücker zu entziehen. Zunächst waren es kleinere Trupps, die nach Osten und Norden abzogen, dann erfolgte in den Jahren 1834—1836 der große Trekk von ungefähr 10 000 Köpfen. Nach vielen Irrfahrten und blutigen Kämpfen mit Eingeborenen, die ihre bisherigen Weidegründe bedroht sahen, und mit den Engländern, die auch in den neubesiedelten Gegenden den Buren ihre Herrschaft aufzwingen wollten, war es schließlich den Buren gelungen, zwei unabhängige, von den Engländern auch als solche anerkannte, Staaten, den Transvaal und den Orange-Freistaat, zu bilden (1852—1854).

Nur wenige Jahrzehnte jedoch sollten sich die Burenstaaten ihrer Selbständigkeit erfreuen. Als bei Kimberley in Griqualand-West, einem Teile des Freistaats, Diamanten gefunden wurden, nahmen ihnen die Engländer diesen Landesteil ohne viel Federlesens fort, und als im Transvaal die Goldfelder entdeckt wurden, konnte es auch nur eine Frage der Zeit sein, bis Albion sich diese begehrenswerten Gefilde einverleibte. Das Vorgehen der Engländer war in diesem Falle besonders brutal. Im Jahre 1896 wurde von Cecil Rhodes, dem ebenso erfolgreichen wie skrupellosen Begründer Rhodesiens, der unter dem Namen „Jameson Raid" bekannte Heldenzug gegen Transvaal in Szene gesetzt. Dieser Jameson — übrigens späterer Premier-Minister der Kapkolonie — drang mit 500 Bewaffneten in Transvaal ein und hoffte mit Unterstützung der dortigen Engländer die Gewalt an sich zu reißen. Dieser Banditenstreich, der dem deutschen Kaiser die Veranlassung zu dem bekannten Krüger-Telegramm gab, mißglückte zwar gänzlich, hinderte aber England trotz der erfolgten Bloßstellung nicht, seine brutalen Pläne weiter zu verfolgen. Von vornherein unerfüllbare Forderungen Englands unter gleichzeitiger Truppenzusammenziehung zwangen schließlich Transvaal und den ihm verbündeten Orange-Freistaat im Jahre 1899, ihre Existenz mit den Waffen zu verteidigen.

Der Ausgang des Burenkrieges ist bekannt. Die heldenmütige Verteidigung der Buren und die Schmach der Engländer, die 26 000 Burenfrauen und Kinder in ihren Konzentrationslagern durch Entbehrungen langsam und planmäßig hinmordeten, wird in der Geschichte und in den Herzen der Buren unvergessen bleiben. Im Frieden von Vereeniging im Jahre 1902 mußten die beiden Burenrepubliken auf ihre Selbständigkeit verzichten und wurden englische Kronkolonien neben den beiden bereits vorhandenen, der Kapkolonie und Natal.

Die Kapkolonie hatte bereits im Jahre 1833 die Verfassung einer Kronkolonie erhalten. Nach dem vorher erwähnten großen Burentrekk war zwar das englische Element in den größeren

Städten vorherrschend geworden, doch waren auf dem platten Lande genügend Buren zurückgeblieben, um dort die überwiegende Überzahl zu bilden. Wenn diese auch nicht das gleiche starke Nationalgefühl wie die abgewanderten Buren aufwiesen, immerhin waren sie ihrer Sprache und ihren Sitten treu geblieben, so daß von der Kapkolonie als von einer rein englischen Kolonie niemals hat die Rede sein können.

Die Kolonie Natal war im Jahre 1843 als englischer Besitz erklärt worden, nachdem die Buren auf ihrem Trekk nach dem Osten bis zur Ostküste Südafrikas gelangt waren und dort angefangen hatten, sich seßhaft zu machen. Die Buren wurden nach und nach vertrieben und englische Ansiedler — auch eine Anzahl Deutsche — ins Land gezogen. Es entstand so eine fast rein englische Kolonie mit einer geringen Beimischung burischer und deutscher Elemente.

Die genannten vier Kolonien wurden im Jahre 1910 zu einem Staatengebilde mit Selbstverwaltung, der „Union of South Africa", verschmolzen und haben seitdem eine gemeinsame Zentralverwaltung.

Die Rolle, die die südafrikanische Union im Weltkriege gespielt hat, dürfte bekannt sein. Die Haltung des Premierministers Botha, der sich von vornherein, ebenso wie sein einflußreicher Mitminister und späterer Nachfolger Smuts, rückhaltslos der britischen Sache anschloß, ist in Deutschland vielfach nicht verstanden worden. Sicherlich bedeutet es auch keine Ruhmestat für diese beiden alten Burengenerale, daß sie die Khakiuniform anzogen und für England gegen Deutschlands Kolonien ins Feld zogen, nachdem das deutsche Volk ihnen und dem Burenvolke im Ringen gegen England nicht nur Sympathien, sondern auch weitgehende Wohltaten erwiesen hatte. Wenn hiernach auch ihr Verhalten unter keinen Umständen zu entschuldigen ist, so ist es doch zu verstehen. Sie waren jedenfalls von Anfang an von der Überlegenheit der Koalition gegen Deutschland überzeugt und erblickten von vornherein in der deutschen Kolonie Südwestafrika eine gute Beute. Durch diese stark betonte Aussicht auf Beute wußten sie auch die Mehrzahl der Buren, die von einem starken Landhunger seit jeher beseelt gewesen sind, in ihre Gefolgschaft zu bringen. Deshalb kann es auch nicht Wunder nehmen, daß die Partei der Nationalisten den Überfall auf Südwestafrika nicht verhindern konnte und daß die von den Generalen Beyers und de Wet zu Gunsten Deutschlands unternommene Erhebung der Buren mißlang. Jetzt nach Beendigung des Krieges ist Smuts eifrig an der Arbeit, die Früchte seiner und Bothas Politik einzuheimsen, nämlich die deutsche Kolonie Südwestafrika der Union völlig einzuverleiben.

Die geschichtliche Entwicklung der Union von Südafrika ist noch stark im Flusse; bei der Schilderung des Parteiwesens in der

Union wird noch Gelegenheit genommen werden, über die voraussichtliche künftige Entwicklung Einiges zu sagen.

3. Das Staatswesen.

Die Union von Südafrika ist ein unter englischer Oberhoheit stehendes Staatswesen mit Selbstverwaltung. Die englische Oberhoheit wird von einem General-Gouverneur, der vom Könige von England ernannt wird, ausgeübt. Seine Stellung ist mehr repräsentativer Natur, in die innere Verwaltung hat er kaum hineinzureden. Die gesetzgebende Gewalt wird vom Parlament und vom Senat ausgeübt. Die Mitglieder des Parlaments werden von der wahlberechtigten Bevölkerung, zu denen in der Kapprovinz auch die Farbigen gehören, in direkter Wahl auf 5 Jahre erwählt, die Senatoren zum Teil vom General-Gouverneur ernannt, zum Teil vom Parlament erwählt. Die Führung der Regierungsgeschäfte liegt in den Händen eines Ministeriums, das das Vertrauen des Parlaments haben, also bei nicht vorhandener Mehrheit abtreten muß. Außer dem Premier-Minister sind Minister für folgende Geschäftszweige vorhanden: Inneres, Landwirtschaft, Eisenbahnen und Häfen, Verteidigung, Bergbau und Industrien, Justiz, Erziehung, Finanzen, Siedlungswesen, Eingeborenen-Angelegenheiten, Gesundheitswesen und öffentliche Arbeiten; außerdem ist ein Minister ohne Portefeuille vorgesehen.

Die vier Provinzen haben für die ihrer Verwaltung überlassenen Angelegenheiten eine besondere Provinzialverwaltung mit einem Administrator an der Spitze, dem Provinzial-Landtage zur Seite stehen.

Die Straf- und Zivilrechtspflege wird für kleinere Vergehen und geringere Vermögensstreitwerte von den Magistraten, die zugleich die Verwaltung ihres Bezirks zu führen haben, ausgeübt. Für schwere Vergehen und höhere Vermögensstreitwerte bestehen höhere Gerichtshöfe, die zum Teil periodische Sitzungen in Orten abhalten, die vom Sitz eines ständigen höheren Gerichtshofes weiter entfernt liegen. Für Berufungen gibt es Appellationsgerichtshöfe.

Als Landessprachen sind die englische und die burische gleichberechtigt; Gesetze und Bekanntmachungen werden in beiden Sprachen erlassen. Jeder Beamte soll beide Sprachen beherrschen. In der Praxis erleidet jedoch die Burensprache dauernd Zurücksetzungen.

Die Wehrpflicht in der Union besteht im wesentlichen darin, daß jeder Unionsbürger europäischer Abkunft zwischen seinem 17. und 60. Lebensjahr in Kriegszeiten zur persönlichen Landesverteidigung in jeglichem Teile Südafrikas (innerhalb oder außerhalb der Union) verpflichtet ist. Außerdem besteht für Leute vom 17. bis zum 25. Lebensjahr die Verpflichtung zu gelegentlichen militärischen Friedensübungen. Die ständige Wehrmacht besteht aus 5 Regimentern berittener Schützen (South African Mounted Riflemen) mit einiger Artillerie und setzt sich aus Berufssoldaten zusammen.

Die ordentlichen Einnahmen der Union beliefen sich für 1917—1918 auf £ 19 657 599, die ordentlichen Ausgaben für das gleiche Jahr auf £ 16 336 161. Die öffentliche Schuld der Union belief sich im Jahre 1918 auf £ 157 223 834, wovon jedoch 116 Millionen Pfund in werbenden Anlagen angelegt sind.

Die Währung der südafrikanischen Union ist die englische, also das englische Pfund Sterling (£) zu 20 Schillingen (sh), der Schilling zu 12 pence (d). Die Münzen sind, abgesehen von einigen noch kursierenden Gold- und Silbermünzen der früheren Burenrepublik Transvaal mit dem Bildnis Ohm Krügers, die in England umlaufenden. Vor dem Kriege waren 20 deutsche Mark ungefähr gleich einem englischen Pfund Sterling und 1 Mark gleich 1 Schilling; 50 Pfennige gleich 6 pence usw. Das goldene deutsche 20 Markstück ist heute noch ungefähr gleich einem Pfund Sterling in Gold (und mehr wert als ein Pfund Sterling in Papiergeld), dagegen bedeuten infolge unserer schlechten Währungsverhältnisse heute 20 Mark deutschen Papiergeldes bei weitem nicht mehr ein Pfund Sterling. Der Wert ist wechselnd nach dem jeweiligen Kurse; am 15. März 1921 z. B. waren 246 deutsche Mark gleich einem Pfund Sterling. Dieses Valuta-Mißverhältnis muß natürlich von jedem Deutschen, der nach Südafrika einwandern oder dorthin Geschäfte machen will, mit besonderer Gründlichkeit erwogen werden.

Maße und Gewichte sind ebenfalls die in England gebräuchlichen, es seien hier nur die wichtigsten aufgeführt:

Längenmaße:

1 inch (Zoll) = 25,4 mm
1 foot (Fuß) = 12 Zoll = 0,3048 m
1 Yard (Elle) = 3 Fuß = 0,9144 m
1 mile (Meile) = 1,6093 km.

Flächenmaße:

1 acre = 0,4046 ha
1 square mile = 259 ha

Hohlmaße:

1 pint = 0,568 l
1 quart (2 pints) = 1,136 l
1 Gallon (4 quarts) = 4,5459 l
1 bushel (8 gallons) = 3,637 dl
1 quarter (8 bushel) = 2,909 hl.

Gewichte:

1 ounce = 28,350 gr
1 pound (abgek. lb) = 0,4535 kg
1 hundredweight (cwt) = 112 lb = 50,80 kg
1 ton = 20 ctw = 1016 kg.

Außer diesen englischen Maßen und Gewichten sind noch einige speziell burisch-südafrikanische gebräuchlich, so z. B. der Kap-Morgen = 2,1165 acres, also annähernd so groß wie 1 ha, ferner der Malter (muid) gleich 3 englischen bushel. Der bushel ist verschieden schwer, bei Weizen, Mais und Roggen sind es 60 lb, bei Gerste 50 lb, bei Hafer 39 lb. Für flüssige Maße gibt es noch den leager gleich 128 Gallonen, das half aum gleich $15^1/_2$ und den Anker gleich $7^1/_2$ Gallonen. Schließlich ist noch die sog. short ton gleich 2000 lb im Gebrauch. — Thermometergrade werden nach Fahrenheit berechnet. (Eispunkt (= 0° C) = 32° F, Siedepunkt (= 100° C) = 212° F.)

4. Bevölkerung.

Die Bevölkerung der Union setzt sich aus Weißen und Farbigen zusammen; die Zahl der Farbigen überwiegt bei weitem. Die Anzahl der Weißen betrug nach der Zählung des Jahres 1918 1 424 690; von diesen leben in der Kapprovinz etwas über eine halbe Million, im Transvaal annähernd eine halbe Million, im Orange-Freistaat etwa 200 000 und in Natal etwa 100 000. Die Bewohner der vier Provinzen sind zwar seit der Begründung der Union sämtlich englische Staatsangehörige (english subjects) geworden, der Stammesangehörigkeit nach überwiegen jedoch die Buren erheblich. In der Kapprovinz mögen sich Engländer und Buren ungefähr die Wagschale halten. In den großen Küstenstädten, wie Kapstadt, Port Elizabeth und East London und auch in der Diamantenstadt Kimberley und in Grahamstown überwiegt das englische Element bei weitem, während auf dem platten Lande und in den kleineren Ortschaften die Burenbevölkerung stärker vertreten ist. Die Kapkolonie hat zwar schon seit der englischen Besitzergreifung eine dauernde englische Einwanderung gehabt. Dieser Umstand und der früher erwähnte große Burentrekk haben jedoch nicht die Folge gehabt, daß die Kapkolonie eine rein englische Kolonie wurde. Die Buren der Kapkolonie haben ihre Stammesart und auch ihre Sprache im allgemeinen gut bewahrt, wenn auch nicht in demselben Maße wie die Freistaat- und Transvaalburen. Im Transvaal überwiegt die Burenbevölkerung erheblich, wenn auch die große Goldstadt Johannesburg und andere Minenplätze ziemlich rein englisch bevölkert sind. Im Freistaat hat der englische Einfluß wenig einzudringen vermocht, die Bevölkerung ist fast rein burisch. Umgekehrt hat Natal, wie schon in der Geschichte erwähnt, eine ziemlich rein englische Bevölkerung.

Die Zusammensetzung der Bevölkerung spiegelt sich auch im Parteiwesen wieder. Im Parlament waren bislang folgende Parteien vertreten: Unionisten, Südafrikapartei, Nationalisten und Arbeiter.

Die Unionisten sind die National-Engländer, die sog. Jingos.

Ihr Ziel besteht darin, in Südafrika unter möglichster Ausschaltung des Burenelements eine rein englische Vorherrschaft aufzurichten.

Die Südafrika-Partei will die gemeinsamen Interessen der englischen und burischen Elemente miteinander verschmelzen und aus beiden unter sprachlicher Gleichberechtigung eine neue Nation, das Afrikanertum, erwachsen lassen; will aber im übrigen an der Zugehörigkeit Südafrikas zum britischen Weltreich nicht rütteln. Unter „Afrikaner“ im Sinne dieses „Afrikanerbundes“ sind nicht etwa Farbige zu verstehen, sondern Weiße, die Südafrika auf Grund ihrer Geburt oder freier Wahl als ihr Heimatland anerkennen. Einer der Gründer und Führer des „Afrikanerbundes“ war ein geborener Deutscher, Carl Borckenhagen in Bloemfontein. Das Ziel der Afrikaner und der Südafrika-Partei könnte an sich eine glückliche Lösung der widerstrebenden völkischen Interessen in der Union bringen, und es würde für das Deutschtum in der Union ein erträgliches Schicksal bedeuten, wenn ihm bei der Gründung einer neuen südafrikanischen Nation die nötige Berücksichtigung zu Teil würde. Die Ziele der Afrikanerpartei jedoch, die bei deren Gründung durchaus ehrlich gemeint waren, sind in den letzten Jahren, insbesondere seit dem Kriege, stark verwischt worden. Schon unter Führung Bothas segelte die Partei vollständig in englischem Fahrwasser, ein Zustand, der sich unter Smuts Führung noch verschlimmert hat.

Die Nationalisten sind die Nationalburen, die von einem Zusammengehen mit den Engländern nichts wissen wollen und unter Berufung auf das Selbstbestimmungsrecht der Völker die Unabhängigkeit der burischen Teile Südafrikas vom englischen Joch— jedoch ohne Gewaltmaßnahmen — erstreben. Sie stehen unter der Führung des früheren Burengenerals Hertzog.

Die Arbeiterpartei vertritt, wie dies ihr Name schon sagt, in der Hauptsache Arbeiterinteressen. Da die Bergwerks- und Industriearbeiter aber meist Engländer sind, vertritt die Partei in Nationalfragen im allgemeinen den englischen Standpunkt, wenn auch internationale und kommunistische Strömungen vorhanden und im Wachsen begriffen sind. In Johannesburg hat sich unter dem Namen „Internationale sozialistische Liga“ eine selbständige kommunistische Partei gebildet, die eine besondere Zeitung „The International“ erscheinen läßt.

Aus den Wahlen im Frühjahr 1920 gingen die Nationalisten, die bislang nächst der Arbeiterpartei die schwächste Partei im Parlament gewesen waren, als stärkste hervor; sie gewannen 45 Sitze statt früher 27. Die Südafrika-Partei erhielt 40 Sitze statt vorher 54, die Unionisten 25 statt vorher 38, die Arbeiter 21 statt vorher 5.

Man ersieht hieraus deutlich, daß eine große Zahl der von Botha und Smuts mißleiteten Buren die Politik der Verengländerung nicht mehr mitmachen wollte. Die Folgen der Wahlen zeigten sich denn auch bald, Smuts konnte sein Ministerium nur auf die Gefolgschaft der Unionisten stützen und hatte schließlich auch mit diesen keine gesicherte Mehrheit im Parlament mehr.

Er führte deshalb im November 1920 die Auflösung des Parlaments herbei. Die Neuwahlen am 8. Februar 1921 haben ihm einen beachtenswerten Erfolg, hauptsächlich auf Kosten der Arbeiterpartei gebracht. Es war Smuts für die Wahlen gelungen die Partei der Unionisten mit der Südafrika-Partei zu vereinigen, wobei äußerlich die Unionisten als besondere Partei verschwanden und in der Südafrika-Partei aufgingen. Daß dabei die letztere den Unionisten erhebliche Konzessionen hat machen müssen, liegt auf der Hand, und die jetzige Südafrika-Partei kann wohl kaum noch als Fortsetzung des alten Afrikanerbundes gelten. Die Folgen werden sich bald genug durch ein vollständiges Überwiegen des englischen Einflusses zeigen, insbesondere wird die englische Einwanderung mit allen zu Gebote stehenden Mitteln gefördert werden. Jedenfalls hat aber Smuts bei der neuen Zusammensetzung des Parlaments aus 78 Anhängern der Südafrika-Partei, 44 Nationalisten, 9 Angehörigen der Arbeiterpartei und einem Unabhängigen eine vollständig gesicherte Mehrheit, was seine Gegner zu spüren bekommen werden.

Vermutungen über das künftige politische Schicksal Südafrikas anzustellen, ist natürlich sehr schwierig. Daß England vor keinem Mittel zurückschrecken wird, um die Loslösung der Union oder auch nur der früheren Burenrepubliken aus dem englischen Weltreich zu verhindern, kann keinem Zweifel unterliegen. Und doch wird, selbst wenn die Unabhängigkeitsbestrebungen der Nationalisten fehlschlagen sollten, mit Sicherheit — sei es nun früher oder später — wohl der Tag kommen, wo in Südafrika eine besondere südafrikanische Rasse, geeint in dem Willen, ihre eignen vom englischen Einfluß unabhängigen Wege zu gehen, entstanden sein wird. Dann wird England in Südafrika vielleicht die gleiche Erfahrung machen, die es bereits bei den Vereinigten Staaten von Amerika gemacht hat.

Außer diesem aus der Zusammensetzung der weißen Bevölkerung sich ergebenden Rassenproblem besteht für Südafrika noch ein anderes, vielleicht noch von ernsterer Bedeutung, nämlich die erdrückende Überzahl der farbigen Rassen. Gegenüber der genannten Zahl von 1 424 690 Weißen in der Union leben dort nach der Zählung von 1917 6 872 164 Farbige. Im gesamten britischen Südafrika unter Hinzurechnung von Süd-Rhodesien, Betschuanaland-Protektorat, Basuto- und Swaziland sind es sogar etwa 8 Millionen Farbige. Die Farbigen setzen sich zusammen aus eingeborenen Negern und Hottentotten, die man in Südafrika als Eingeborene (natives) bezeichnet, ferner aus Indern, Malayen und Mischlingen verschiedener Art. Die letzteren faßt man meist als Farbige (coloured people) zusammen. Das Hauptkontingent der farbigen Rassen stellen jedoch die Bantuneger, in Südafrika meist „Kaffern" genannt, zu denen u. a. Basutos, Zulus und Matabele gehören, mit etwa 6 Millionen. Sind diese Zahlen an sich schon bedenklich, so werden sie noch dadurch bedenklicher, daß sich die Farbigen weit schneller vermehren, als die Weißen. Die Bantuneger sind gesunde kräftige und auch kriegstüchtige Stämme, die durchaus nicht ans Aussterben denken, wie der kleine Rest der in der Union noch lebenden Hottentotten. Da nun zwischen der weißen und farbigen Menschenrasse immer ein unüberbrückbarer Gegensatz bestehen wird und die Farbigen sich auf die Dauer den Weißen kaum gutwillig unterordnen werden, wird wohl in Südafrika der Tag der Auseinandersetzung zwischen Weiß und Schwarz kommen, und es besteht die außerordentliche Gefahr, daß die Weißen bei dieser Auseinandersetzung, die sich kaum friedlich abspielen dürfte, den Kürzeren ziehen werden, eben wegen des Mißverhältnisses der Bevölkerungszahl. Das Problem wird in seiner ganzen Schwere in Südafrika wenigstens von den burischen Elementen durchaus gewürdigt, man hat aber bislang noch keinen brauchbaren Weg gefunden, es zu beheben. Die Hauptschuld daran, daß die Verhältnisse so geworden sind, wie sie jetzt sind und noch schlimmer werden müssen, tragen die Engländer. Während im Transvaal und Oranje-Freistaat die Buren eine durchaus richtige Eingeborenen-Politik, die in gerechter aber strenger und die nötige Unterordnung wahrender Behandlung bestand, befolgten, haben die Engländer seit Annexion des Kaplandes dauernd die Eingeborenen gegen die Buren ausgespielt und ihnen auch zu diesem Zwecke politische Rechte, wie in der Kapprovinz das Wahlrecht zum Parlament, eingeräumt. Eine starke Anmaßung der Farbigen und die Verwischung der gebotenen Grenzen zwischen Weiß und Farbig in der Kapprovinz ist die Folge gewesen, und noch heute macht sich ein wohltuender Gegensatz zwischen den ehemaligen Burenstaaten und den englischen Provinzen hinsichtlich der Aufführung der Eingeborenen und Farbigen geltend, wenn sich auch in den Minenzentren am Witwatersrand in Transvaal unter englischem Regime die Dinge erheblich zum Schlimmeren gewendet haben. Insbesondere hat sich dort in neuerer Zeit die Lage noch dadurch erheblich verschlimmert, daß die Kommunisten-Partei in Johannesburg sich mit den Eingeborenen zu verbrüdern sucht und sie systematisch gegen die besitzenden Klassen aufhetzt. Die Kommunisten treten auch für das allgemeine Wahlrecht der Eingeborenen zum Parlament, das wie bereits erwähnt in der Kapkolonie schon vor der Unionsgründung bestand und aufrecht erhalten blieb, ein und haben einen großen Streik der Farbigen im Jahre 1920, der blutig unterdrückt wurde, nach Kräften unterstützt. So beginnt die Rassenfrage in Südafrika immer mehr in ein akutes Stadium zu treten.

Brutale Verbrechen von Farbigen gegen weiße Frauen, wie wir sie jetzt im besetzten Gebiet erleben müssen, sind auch in Südafrika keine Seltenheit, und es war ein schweres Verbrechen der südafrikanischen Regierung im Kriege, daß sie schwarze Truppen im Kampfe gegen Deutsch-Südwestafrika und Deutsch-Ostafrika verwandte und Arbeiterbataillone nach Frankreich sandte. Dadurch wurde die Anmaßung der Eingeborenen gegenüber der weißen Rasse noch gesteigert, was sich sehr bald nach Rückkehr zeigte und sich sicherlich in Zukunft noch bitter rächen wird.

Auch die Inderfrage macht in Südafrika viel böses Blut. Als Bürger des englischen Weltreichs beanspruchen die in Natal und im Transvaal ziemlich zahlreich ansässig gewordenen Inder Gleichberechtigung mit den Weißen. Die Regierung in London muß die Gleichberechtigung prinzipiell anerkennen, aber Transvaal und Natal verweigern mit Recht die Gleichstellung, so daß dauernde Konflikte gegeben sind.

5. Landwirtschaft.

Das Rückgrat der gesamten Volkswirtschaft in der Union ist die Landwirtschaft. Viehzucht und Landbau bilden trotz Gold und Diamanten die Grundlagen des Wohlstandes im Lande; eine Erkenntnis, die sich seit Gründung der Union immer mehr durchgerungen und zu einer tatkräftigen Förderung der Farmwirtschaft durch die Regierung geführt hat. Es besteht ein besonderes Ministerium für Landwirtschaft, dessen jährlicher Etat für laufende Ausgaben zur Förderung der Landwirtschaft sich auf eine halbe Million Pfund Sterling beläuft. Insbesondere werden dauernd große Summen für tierärztliche Forschungen, für Förderung der Wollschafzucht und des Molkereiwesens und Versuche auf dem Gebiete der sog. Trockenfarmerei (dry farming) aufgewendet.

Der Landbau ist in der Union in kräftiger Entwicklung begriffen, doch sind immerhin von den 143 Millionen Kapmorgen Grundfläche in der Union erst 3,4 Millionen unter Kultur, so daß vorläufig noch der Viehzucht, mit der wir uns zunächst befassen wollen, die größere Bedeutung zukommt.

a) Viehzucht.

Schafe. Der wichtigste Zweig der Viehzucht in der Union ist die Wollschafzucht. Der Bestand an Schafen in der Union beträgt $^1/_{20}$ des Weltstapels; Argentinien und Australien besitzen je etwas über 2½ mal so viel Schafe wie die Union. Über die Entwicklung der Schafzucht in der Union und den einzelnen Provinzen gibt die nachstehende Aufstellung Aufschluß:

Schafe in der Union, 1904—1919.

Wollschafe.

Jahr	Kapprov.	Natal	Transvaal
1904	8 465 308	504 798	413 638
1911	11 051 836	1 105 023	2 330 304
1912	13 239 067	1 583 659	3 098 785
1913	13 396 765	1 666 019	3 797 395
1915	12 372 344	1 938 113	3 467 206
1916	12 712 107	1 927 746	3 615 821
1918	13 302 626	1 279 833	2 868 425
1919	11 402 670	1 176 340	2 877 620

Jahr	Orange-Freistaat	Union
1904	2 436 891	11 820 635
1911	7 355 052	21 842 215
1912	9 409 656	27 331 167
1913	9 467 728	28 327 907
1915	8 166 143	25 943 806
1916	8 234 850	26 490 524
1918	7 608 834	25 058 718
1919	8 091 510	23 548 140

Andere Schafe.

Jahr	Kapprov.	Natal	Transvaal	Orange-Freistaat	Union
1904	3 353 521	163 580	422 111	562 656	4 501 868
1911	6 082 677	414 235	1 084 946	1 232 586	8 814 444
1912	6 022 147	295 090	1 206 251	1 034 266	8 557 754
1913	5 188 939	357 866	1 220 563	712 725	7 480 093
1915	3 886 782	406 034	811 786	385 672	5 490 274
1916	3 847 311	372 547	877 596	392 727	5 490 181
1918	3 572 316	320 545	614 404	348 052	4 855 317
1919	4 000 790	82 160	367 220	493 200	4 943 370

Aus der Aufstellung ergibt sich, daß der Orange-Freistaat und die Kapprovinz (insbesondere der Teil von ihr, den man die Große Karoo nennt) die geeignetsten Gebiete für die Schafzucht sind. Es ist ferner aus ihr ersichtlich, daß starke Rückschläge in der Entwicklung der Schafzucht häufig vorkommen, die auf massenhaftes Verhungern oder Abschlachten der Tiere infolge Weidemangels in schlechten Regenjahren zurückzuführen sind. Künstlicher Futterbau zur Ernährung der Schafe ist nicht üblich, würde auch nicht lohnend sein, doch erhalten wertvollere, insbesondere importierte Zuchtschafe, Stallfütterung.

Welch außerordentlicher Wert in der Wollschafzucht der Union steckt, zeigt die nachstehende Ausfuhrstatistik:

Menge und Wert der aus der Union ausgeführten Wolle 1913—1919

Jahr	Menge	Wert	Ungefährer Verkaufspreis pro lb.
	lb.	£	d.
1913—14	174 053 755	5 767 695	7,95
1914—15	146 930 843	4 293 104	7,01
1915—16	148 192 286	5 903 078	9,56
1916—17	111 468 735	7 289 739	15 69
1917—18	116 827 008	10 113 970	20,78
1918—19	175 108 954	14 648 643	20,08

Wie aus der Aufstellung ersichtlich, sind die Wollpreise im Kriege stark gestiegen; Ende 1920 trat jedoch eine Absatzstockung und bedeutender Rückgang der Preise ein, was eine starke Krisis auf dem Wollmarkte in der Union hervorgerufen hat. Während vor dem Kriege außer England Deutschland der Hauptabnehmer für südafrikanische Wolle war, sind an Deutschlands Stelle Amerika und Japan getreten. Die Vereinigten Staaten kauften 1918—1919 für über 5 Millionen £ Wolle, Japan für annähernd 3 Millionen £.

Die gewöhnlichen Schafe in der Union sind Haarschafe und bringen keine Wolle, sie haben nur Wert als Schlachtvieh. Es sind meist sog. Fettschwanzschafe, deren Schwanz bei der Schlachtung mehrere Pfund gutes Fett liefert. Sie werden vielfach zu Wollschafen aufgekreuzt. Ob man von vornherein reine Wollschafe züchten oder mit Fettschwanzschafen aufkreuzen soll, ist noch eine ungeklärte Streitfrage unter den Züchtern; jedenfalls erzielt Wolle von aufgekreuzten Tieren auch recht gute Preise.

Rindvieh. Nächst der Wollschafzucht ist die Rinderzucht für die Union von größter wirtschaftlicher Bedeutung. Bereits die ersten europäischen Siedler in Südafrika fanden ein einheimisches Rind vor, das noch heute, wenn vielleicht auch nach Kreuzungen mit eingeführten Rassen, als sog. Afrikander-Rind sich hoher Wertschätzung erfreut. Es ist genügsam und sehr widerstandsfähig, insbesondere auch als Zugtier zur Beförderung des schweren Ochsenwagens geeignet. Es sind dann in neuerer Zeit viel fremde Rassen eingeführt worden. Außer verschiedenen englischen Rassen sind es insbesondere Friesland-Rinder, die sich am besten bewährt haben. Diese Rassen werden zum Teil rein weiter gezüchtet, zum Teil wird mit ihnen das Afrikander-Rind weiter aufgekreuzt.

Die Zahl der Rinder in der Union und den einzelnen Provinzen ist aus nachstehender Aufstellung ersichtlich:

Jahr	Kapprov.	Natal	Transvaal	Orange-Freistaat	Union
1904	1 954 390	666 903	515 956	363 204	3 500 453
1911	2 715 330	456 087	1 339 298	1 286 234	5 796 949
1918	2 410 934	977 252	1 888 443	1 575 295	6 851 924
1919	1 631 084	729 994	1 554 938	1 659 472	5 575 488

Das Rindvieh ist ebenso wie die Schafe im allgemeinen auf den Weidegang angewiesen, deshalb führen auch schlechte Regenjahre zu starken Rindviehverlusten. Oft kommt es vor, daß der Farmer wegen Weidemangel seinen Platz verlassen und mit dem Vieh „trekken" muß. Doch kommt Futteranbau, insbesondere für wertvollere Tiere, immer mehr in Aufnahme. Fortgeschrittene Farmer haben sich Silos zur Aufbewahrung des Futters, das insbesondere aus Maisstengeln besteht, gebaut. Außer den Trockenjahren bringen verschiedene Rinderkrankheiten den Farmern starke Verluste; am meisten gefürchtet sind das sog. Ostküstenfieber und die sog. Lamsikte. Die erstere wird durch öfteres Dippen des Rindviehs in einer Desinfektionsflüssigkeit wirksam bekämpft, gegen die letztere ist noch kein sicheres Mittel gefunden.

Von besonderem Interesse ist die Tatsache, daß die Union bis zum Kriege noch Rindfleisch einführte, während sie seit dem Kriege begonnen hat, auszuführen. Die näheren Zahlen über Einfuhr und Ausfuhr von Rind- und Schaffleisch ergeben sich aus der nachstehenden Aufstellung:

	Einfuhr		Ausfuhr	
Jahr	Gewicht lb.	Wert £	Gewicht lb.	Wert £
1905	115 061 447	1 126 878	—	535 732
1906	77 817 694	757 080	430	10
1907	50 000 151	547 030	18 374	403
1908	08 311 249	180 568	1 124 414	11 771
1909	6 109 216	60 459	694 250	8 351
1910	5 764 836	55 835	720 525	7 837
1911	11 556 215	106 284	1 324 240	16590
1912	11 664 185	113 720	2 275 901	25 595
1913	11 064 137	104 964	1 387 295	5 612
1914	1 519 625	22 025	1 740 341	14 262
1915	25 838	603	6 530 337	116 692
1916	12 891	318	17 686 889	356 364
1917	23 261	583	47 253 567	1 043 867
1918	—	—	18 656 406	467 191

Auch für die Milchwirtschaft hat der Krieg einen außerordentlichen Aufschwung gebracht, was aus nachstehenden Ziffern entnommen werden mag:

Butter-Erzeugung, Einfuhr und Ausfuhr 1911—1918

	1911	1913	1914	1915
Produktion .	lb.	lb.	lb.	lb.
Molkerei-Butter	5 190 514	7 659 748	6 566 873	8 323 125
Farm-Butter ...	6 158 779	3 081 997	4 155 135	5 084 015
Insgesamt	11 349 293	10 741 745	10 722 008	13 407 140
Einfuhr......	4 212 216	3 893 036	3 919 431	2 026 258
Ausfuhr	19 620	45 318	77 659	96 570

	1916	1917	1918
Produktion ..	lb.	lb.	lb.
Molkerei-Butter	7 877 271	11 396 666	12 019 229
Farmbutter	5 104 549	5 713 490	8 079 100
Insgesamt	12 981 820	17 110 156	20 098 329
Einfuhr.......	267 896	26 891	2 425 369
Ausfuhr	1 558 075	2 979 224	1 316 834

Hiernach ist nicht nur die Menge der produzierten Butter erheblich gestiegen, sondern die Union hat sogar statt der früheren erheblichen Einfuhr bereits eine nennenswerte Ausfuhr aufzuweisen. Der letztere Umstand ist von besonderer Wichtigkeit, da früher beim ausschließlichen Verbrauch im Inlande die Butter nur in der trockenen Jahreszeit, wo sie rar ist, einen guten Preis erzielte, dagegen nach der Regenzeit, wo sie massenhaft zu haben war, verschleudert werden mußte und von den Farmern vielfach als Wagenschmiere benutzt wurde. Ähnlich günstige Ziffern weist die Käseerzeugung auf. Im Jahre 1918 wurden über 4 Millionen Pfund Molkereikäse und annähernd 2 Millionen Pfund Farmkäse produziert; während die Union im Jahre 1911 noch 5 Millionen Pfund Käse einführte, führte sie 1918 bereits ¼ Million Pfund davon aus.

Für die Milchwirtschaft werden die Friesland- und die englische Herford-Rasse am meisten geschätzt.

Pferde, Maultiere und Esel. Der Pferdezucht wird in der Union großes Interesse entgegengebracht, und einzelne Betriebe, wie z.B. das Gestüt der de Beers Comp., verfügen über vorzügliches Zuchtmaterial. Pferderennen werden dauernd zur Hebung der Zucht abgehalten und sind sehr beliebt in der Union. Einer größeren Ausbreitung der Zucht steht aber eine in jedem Jahre während der Regenzeit auftretende Seuche, die sog. Pferdesterbe, hindernd im Wege. Die Pferdesterbe rafft oftmals den ganzen Pferdebestand auf den Farmen dahin; Tiere, die davon befallen werden, sind fast durchweg verloren. Einzelne, die die Krankheit überstehen, werden als „gesalzene" mit hohen Preisen bezahlt, da sie für die Zukunft von der Krankheit verschont bleiben.

Als Zuchthengste sind am meisten beliebt englisches und arabisches Vollblut, Oldenburger und Hackneys.

Die Zucht von Maultieren wird schon seit Jahrzehnten betrieben und einzelne Züchtereien haben vorzügliche Erfolge aufzuweisen. Das südafrikanische Maultier ist etwas leicht gebaut, aber als genügsames, ausdauerndes Zugtier für Karrenbespannung außerordentlich beliebt und erzielt im Durchschnitt weit höhere Preise als ein Pferd. Für die Pferdesterbe ist es nicht so anfällig wie das Pferd.

Die Eselzucht kommt immer mehr in Aufnahme in Südafrika und das mit Recht, der Esel vermag als Zugtier den Trekkochsen zu ersetzen und ist weit genügsamer als der letztere. Das dürftigste Weidefeld, auf dem Rind und Schaf verhungern, genügt noch dem Esel für seine Existenz. Von der Pferdesterbe bleibt er gänzlich verschont.

Vergleichende Zahlen über die Anzahl und Zunahme von Pferden, Maultieren und Eseln gibt die nachstehende Aufstellung:

Jahr	Kapprov.	Natal	Transvaal	Orange-Freistaat	Union
			Pferde.		
1904	255 060	66 574	51 654	76 251	449 539
1911	333 962	75 567	89 160	220,725	719 414
1918	367 605	65 839	106 698	240 880	781 022
1919	279 371	54 372	105 199	256 196	695 138
			Maulesel		
1904	64 433	4 450	43 917	21 934	134 734
1911	47 059	5 602	25 275	5 995	93 931
1918	52 086	6 983	13 818	11 672	84 559
1919	55 254	4 208	6 911	14 777	81 150
			Esel		
1904	100 470	2 418	32 496	6 546	141 930
1911	191 086	28 018	106 048	11 558	336 710
1918	315 333	48 905	149 411	40 667	554 316
1919	321 157	36 071	103 741	37 647	498 616

Angoraziegen. Angoraziegen wurden zuerst im Jahre 1825 nach Südafrika eingeführt. Die Zucht hatte sich gut entwickelt, infolge regenarmer Jahre sind jedoch in den letzten Jahren starke Verluste und Rückschläge in der Zucht eingetreten.

Gewöhnliche Ziegen werden noch in nennenswerter Zahl meist von Eingeborenen als Milch- und Schlachtvieh gehalten; sie vermehren sich außerordentlich schnell, doch geht ihre Zahl dauernd zurück.

Über die Zahl der Ziegen in der Union von 1904—19 gibt die folgende Aufstellung Aufschluß:

Angora-Ziegen

Jahr	Kapprov.	Natal	Transvaal	Orange-Freistaat	Union
1904	2 775 927	128 752	85 868	402 192	3 392 739
1911	3 340 132	127 452	262 174	545 577	4 275 335
1912	3 668 581	77 673	189 747	459 100	4 395 101
1913	3 546 218	80 517	225 548	341 691	4 193 884
1915	2 396 834	79 105	122 400	246 166	2 844 505
1916	2 190 575	73 634	110 805	189 275	2 564 289
1918	2 391 963	66 029	190 061	164 125	2 731 178
1919	2 402 290	47 690	90 700	155 990	2 696 670

Gewöhnliche Ziegen

Jahr	Kapprov.	Natal	Transvaal	Orange-Freistaat	Union
1904	4 386 536	871 180	788 113	831 977	6 377 806
1911	4 613 282	861 822	1 509 546	502 994	7 487 644
1912	4 473 200	812 079	1 665 628	345 154	7 296 061
1913	4 196 694	986 675	1 752 351	275 422	7 211 142
1915	3 567 234	1 109 377	1 233 338	163 818	6 073 767
1916	3 618 148	1 171 191	1 462 156	145 912	6 397 407
1918	3 503 939	817 083	875 820	90 851	5 287 693
1919	2 423 560	258 790	357 000	106 250	3 145 600

An Angoraziegenhaar (Mohair) wurden im Jahre 1918 19 Millionen Pfund im Werte von 1½ Million £ ausgeführt.

Strauße. Die Straußenzucht in der Union hat in früheren Jahren manchen Farmer reich gemacht. Bis zum Jahre 1913 dehnte sich bei gutem Federabsatz die Zucht immer mehr aus; Ende 1913 aber wurden Straußenfedern plötzlich unmodern, und die Straußenzucht stand damit vor dem Ruin. Die Vögel wurden in Massen abgeschlachtet, da der teure Luzerneanbau, ohne den eine Straußenzucht nicht gedeihen kann, sich nicht mehr lohnte. Über die Entwickelung und den Rückgang der Straußenzucht läßt sich das Nähere aus nachstehender Statistik ersehen:

Anzahl der Strauße in den einzelnen Provinzen:

Jahr	Kapprov.	Natal	Transvaal	Orange-Freistaat	Union
1904	357 970	1 523	14	1 323	360 830
1911	728 087	4 111	5 441	9 097	746 736
1913	756 923	5 081	4 591	9 718	776 313
1916	379 427	4 259	8 927	6 415	399 028
1918	300 906	6 022	3 110	4 227	314 265

Die Krisis auf dem Straußenfedermarkt hat, wie aus nachstehender Aufstellung ersichtlich, auch in den Jahren nach 1914 angehalten und ist auch heute noch nicht überwunden:

Menge und Wert der ausgeführten Straußfedern 1903—1918.

Jahr	Menge	Wert insgesamt	Durchschnittspreis per lb.		
	lb.	£	£	s.	d.
1903	490 066	945 001	1	18	7
1904	470 381	1 0 58988	2	5	0
1905	471 024	1 081 187	2	5	11
1906	547 709	1 406 159	2	11	4
1907	598 358	1 814 232	3	0	8
1908	637 815	1 738 392	2	14	6
1909	788 262	2 091 280	2	13	1
1910	741 078	2 272 846	3	1	4
1911	826 992	2 253 140	2	14	6
1912	999 704	2 609 638	2	12	2
1913	1 023 307	2 953 587	2	17	9
1914	755 235	1 342 717	1	15	6
1915	948 945	743 772	0	15	8
1916	452 080	486 362	1	1	6
1917	219 048	175 019	0	15	11
1918	108 924	88 628	0	16	3

Geflügel: Geflügelzucht wird auf jeder Farm betrieben. Außer Hühnern werden Enten, Puten und in geringem Umfange auch Gänse gezüchtet. In den Kriegsjahren fand eine nennenswerte Ausfuhr von Eiern statt.

Schweine. Eine Schweinehaltung in größerem Umfange hat sich auf den Farmen der Union nicht eingebürgert, da die Futterbeschaffung etwas kostspielig wird, wenigstens wenn die Tiere wirklich fett werden sollen. Es werden jedoch dauernd gute Zuchteber eingeführt, und die Zucht ist jedenfalls noch sehr ausdehnungsfähig.

Es waren an Schweinen vorhanden:

Jahr	Kapprov.	Natal	Transvaal	Orange-Freistaat	Union
1904	385 945	75 887	155 843	61 409	679 084
1911	505 730	110 332	302 882	162 656	1 081 600
1918	537 896	119 153	240 750	145 425	1 043 224
1919	307 879	68 040	182 484	165 604	724 007

Speck, Schinken und Schmalz werden noch immer nach der Union eingeführt, wenn auch die Einfuhr von über 6 Millionen Pfund Speck und Schinken und 2 Millionen Pfund Schmalz im Jahre 1913 auf 150 000 Pfund Speck und Schinken und 20 000 Pfund Schmalz im Jahre 1918 zurückgegangen war, und seit dem Kriege sogar eine, wenn auch geringe, Ausfuhr eingesetzt hat.

b) Landbau.

Noch mehr als die Viehzucht ist der Ackerbau in Südafrika vom Regenfall abhängig. Nur Gegenden mit einem einigermaßen günstigen durchschnittlichen Regenfall bieten Aussichten für den Ackerbau, es sei denn, daß künstliche Bewässerung durchführbar ist. Trotz dieses Umstandes und der früher erwähnten Tatsache, daß von 143 Millionen Kapmorgen der Union erst 3,4 Millionen unter Kultur gebracht sind, spielt der Ackerbau bereits eine bedeutende Rolle im wirtschaftlichen Leben der Union. Von den mannigfaltigen angebauten Kulturpflanzen sollen die nachstehenden als besonders wichtig hervorgehoben werden:

Weizen. Weizen wird hauptsächlich in den westlichen Bezirken der Kapprovinz angebaut, doch sind nicht alle Gegenden gleichwertig dafür. Zum Teil wird er auf Regenfall, zum Teil unter künstlicher Bewässerung angebaut. Nach der Statistik wurden seit 1904 produziert (in 1,000 lb.):

Jahr	Kapprov.	Natal	Transvaal	Orange-Freistaat	Union
1904	113 453	493	15 076	12 717	141 739
1908	—	—	—	—	207 000
1911	261 001	1 446	53 098	46 518	362 063
1917—18	496 342	849	48 627	63 153	608 971
1918—19	323 734	2 154	65 504	87 342	478 734

Die Weizenproduktion reicht für die Bedürfnisse des Landes nicht aus, zumal Weizen ziemlich das alleinige Brotkorn in der Union darstellt. Die Weizeneinfuhr ist zwar, wie aus nachstehenden Zahlen ersichtlich, seit dem Kriege stark zurückgegangen, der Einfuhrbedarf wird aber gegenwärtig immer noch auf 1 ½ Millionen Sack berechnet. Der Sack Weizen zu 200 lbs kostete vor dem Kriege im Durchschnitt 18 sh. 6 d. gegenüber dem heutigen Preise von 65 sh., so daß die in der Union herrschende Teuerung hauptsächlich auf die Weizeneinfuhr zurückgeführt wird.

Einfuhr von Weizen und Weizenmehl 1910—1918 (in 1,000 lb.):

Jahr	Weizen	Weizenmehl	Jahr	Weizen	Weizenmehl
1910	211 024	145 207	1915	216 666	71 680
1911	175 128	137 633	1916	226 321	84 816
1912	113 151	110 842	1917	155 160	53 764
1913	321 517	169 770	1918	75 414	23 598
1914	226 917	134 190			

Hafer. Der Haferbau hat eine höhere Bedeutung für die Union als der Weizenbau. Hafer stellt keine so hohen Ansprüche an die Bodenbeschaffenheit, und er wird auch in der Hauptsache nicht für die Körnergewinnung, sondern für die Haferstrohgewinnung angebaut und braucht dafür nicht ganz auszureifen.

Haferstroh mit den unausgedroschenen Körnerrispen daran ist ein sehr gangbarer Artikel für Pferde- und Rinderfütterung. Erzeugt wurden im Jahre 1919 in der Union 204 450 000 lbs Hafer; eine geringe Menge kommt zur Ausfuhr.

Roggen und Gerste. Diese beiden Kornarten werden nur in bescheidenem Umfange in der Union und fast ausschließlich in der Kapprovinz angebaut. Die geerntete Menge an Roggen betrug 1918 für die Union 52 086 000 lbs., die an Gerste 1919 49 394 000 lbs.

Mais. Die bei weitem wichtigste Getreideart für die Union, sowohl für den eigenen Bedarf als auch für die Ausfuhr, ist der Mais. Südafrikanischer Mais ist auf den Weltmärkten wohlbekannt. Transvaal und der Freistaat stehen in der Maiserzeugung im Vordergrund, die Erträge wechseln nach der Gunst und Ungunst der Regenfälle erheblich. Maisbau mit künstlicher Bewässerung wird im allgemeinen zu kostspielig. Der Maisbau erfährt seiner Wichtigkeit entsprechend tatkräftige Förderung durch die Regierung. Es wurden produziert (in 1000 lb.):

Jahr	Kapprov.	Natal	Transvaal	Orange-Freistaat	Union
1904	226 342	157 735	260 733	77 509	722 319
1911	345 573	361 149	662 122	357 659	1 726 503
1918	477 498	288 780	910 783	850 957	2 528 018
1919	125 520	149 598	664 372	766 350	1 705 840

Der Wert der Ausfuhr, der bei den hohen Getreidepreisen der Kriegsjahre beträchtliche Summen darstellt, ist aus nachstehender Aufstellung ersichtlich:

Jahr	Menge lb.	Wert £	Jahr	Menge lb.	Wert £
1910	356 303 905	693 413	1915	298 765 234	631 646
1911	206 554 439	402 680	1916	349 205 982	877 368
1912	192 775 746	443 492	1917	468 702 325	1 519 860
1913	22 944 744	65 169	1918	509 495 794	1 600 137
1914	220 031 205	438 455			

Kaffernkorn. Unter dieser Bezeichnung werden in Südafrika verschiedene Sorten von Hirse zusammengefaßt. Es wird ziemlich häufig angebaut und hat etwa dieselben Kulturbedingungen wie Mais, nur kann es mehr Trockenheit vertragen. Kaffernkorn dient hauptsächlich, wie der Name schon besagt, den Eingeborenen zur Nahrung, ist aber auch ein gutes Pferdefutter.

Kartoffeln, Süßkartoffeln, Erbsen, Bohnen, Zwiebel und Erdnüsse werden in allen 4 Provinzen angebaut, doch hat die Kultur der Kartoffel bei weitem nicht den Umfang und die Wichtigkeit wie in Deutschland. Statt Kartoffeln werden in Südafrika mehr Reis und auch Maisbrei genossen. Für das Jahr

1917—1918 wurden von den nachstehenden Gewächsen folgende Flächen angebaut und Erträge gewonnen:

Provinz	Kartoffeln Fläche Acres	Kartoffeln Ertrag 1,000 lb.	Süßkartoffeln Fläche Acres	Süßkartoffeln Ertrag 1,000 lb.
Kapprovinz	28 622	75 287	12 162	46 089
Natal	14 177	17 109	3 643	12 291
Transvaal	36 461	67 523	4 410	10 529
Orange-Freistaat...	30 925	60 264	176	232

Provinz	Erbsen Fläche Acres	Erbsen Ertrag 1,000 lb.	Bohnen Fläche Acres	Bohnen Ertrag 1,000 lb.
Kapprovinz	11 548	8 544	29 040	12 839
Natal	773	224	10 392	2 861
Transvaal	1 486	545	16 769	4 770
Orange-Freistaat...	1 587	334	8 299	2 145

Provinz	Zwiebel Fläche Acres	Zwiebel Ertrag 1,000 lb.	Erdnüsse Fläche Acres	Erdnüsse Ertrag 1,000 lb.
Kapprovinz	3 598	17 240	472	118
Natal	279	627	897	411
Transvaal	561	3 258	4 938	1 773
Orange-Freistaat...	313	1 165	250	45

Luzerne: Von den verschiedenen Futterpflanzen soll wenigstens die Luzerne ihrer Wichtigkeit wegen erwähnt werden. Sie ist für die Straußenzucht unentbehrlich und wird auch von Pferden, Rindern und Schafen in grünem oder getrocknetem Zustande gern gefressen. Luzerne wird hauptsächlich unter künstlicher Bewässerung angebaut, der hohe Preis für Luzerneheu macht diese Art des Anbaus lohnend. Ein einmal angelegtes Feld hält Jahrzehnte aus, die Wurzeln der Luzerne, die nach jedem Schnitt wieder weiter wächst, gehen metertief in die Erde. Luzerne wird hauptsächlich in der Kapprovinz angebaut; in der gesamten Union waren im Jahre 1918 119 585 Acres mit Luzerne bestellt, die einen Ertrag von 700 Millionen lbs. Heu brachten.

Wein. Der Weinbau soll von den Hugenotten in Südafrika eingeführt worden sein; er wird hauptsächlich im Hinterland von Kapstadt, der Region mit Winterregen, betrieben. Die angebauten Sorten eignen sich gut zur Herstellung von Südweinen und Branntwein. Im allgemeinen ist der gewonnene Wein etwas zu schwer, um einen größeren Liebhaberkreis zu finden, doch hat auch auf diesem Gebiet die Kriegszeit die früher geringe Ausfuhr erheblich gesteigert, wie aus nachstehender Statistik der Weinaus- und- einfuhr ersichtlich:

Jahr	Ausfuhr Menge Galls.	Ausfuhr Wert £	Einfuhr Menge Galls.	Einfuhr Wert £
1914	48 492	9 627	62 766	46 394
1915	82 564	20 952	70 761	51 428
1916	165 168	32 111	89 229	62 863
1917	331 522	49 674	55 861	46 714
1918	452 428	112 613	63 727	55 509

Branntwein wurden im Jahre 1918 für £ 65 560 ausgeführt und für £ 43 451 eingeführt. An Rosinen wurden im gleichen Jahr 6 Millionen lbs. hergestellt. Anfang 1921 trat eine schwere Absatzstockung und ein starker Preisfall für Wein und Branntwein ein.

Obst. Dem Obstbau scheint noch eine große Zukunft in der Union beschieden zu sein. Für den Anbau von Citrus-Früchten (Zitronen, Orangen usw.) sind die 3 Provinzen außer dem Freistaat in den meisten Gegenden sehr geeignet, für andere Früchte wie Äpfel, Birnen, Pfirsiche, Pflaumen, Aprikosen, Ananas, Melonen und einer Reihe anderer Fruchtsorten kommt bald dieser, bald jener Teil der Union in Betracht. Es bestehen bereits eine größere Anzahl von Obstfarmen, und die Regierung unterstützt den Obstbau in jeder Weise. Die Ausfuhr von frischem sowie getrocknetem Obst und von Fruchtkonserven hat sich ständig gehoben, und es ist zu erwarten, daß die Union in absehbarer Zeit einen nennenswerten Anteil im Fruchtgeschäft auf dem Weltmarkt erringen wird. Insbesondere ist die Ausfuhr frischen Obstes nach Europa vielversprechend, da die Früchte in Südafrika im europäischen Winter reifen. Während der Kriegszeit hat eine nennenswerte Ausfuhr frischer Früchte wegen Mangel an Frachtraum nicht stattgefunden, dagegen aber die Ausfuhr von getrockneten Früchten, von Jams und Früchten in Dosen stark zugenommen.

Zuckerrohr: Nur Natal und Zululand sind für den Anbau von Zuckerrohr geeignet, der Anbau nimmt ständig zu, so daß sich die Union bereits gänzlich von fremder Zuckereinfuhr losgemacht hat. Von dem auf 122 000 tons geschätzten Bedarf der Union wurden 1918 etwas über 106 000 tons dort produziert. Nach einem anderen Bericht hat die Produktion im Jahre 1919 bereits 180 000 tons betragen im Werte von etwa 5 Mill. £ Die Zuckerernte für 1920 wird auf 150 000—155 000 tons geschätzt. Die früher notwendige Einfuhr von 1911—1918 betrug:

Jahr	Menge Tons (2 000 lb.)	Jahr	Menge Tons (2 000 lb.)
1911	36 482	1915	8 428
1912	19 386	1916	3 512
1913	29 227	1917	12 642
1914	23 516	1918	21 239

An Beiprodukten der Zuckerindustrie wurden im Jahre 1917 gewonnen: 1600 tons Syrup, 2366 tons Melasse, als Viehfutter gut geeignet, und 1 Million Gallonen sog. Natalit. Natalit ist ein erst in neuerer Zeit hergestelltes alkoholisches Destillat, das als Ersatz für Petroleum und Benzin dient und weit billiger als diese ist. Es findet reißenden Absatz in der Union selbst.

Tee. Die Kultur der Teepflanze wird ebenfalls nur in Natal betrieben. Von dem Gesamtverbrauch an Tee in der Union, der auf etwa 10 Millionen lbs. geschätzt wird, produziert Natal 1½—2 Millionen, der Rest wird eingeführt.

Tabak. Der Tabakbau ist von erheblicher wirtschaftlicher Bedeutung für die Union. Insbesondere im Rustenburg-Bezirk im Transvaal gedeiht ein Virginia Tabak, der einen vorzüglichen Pfeifentabak — im Handel als Magaliesberg-Tabak bekannt — liefert. Die helleren Varietäten des Virginiatabaks werden zur Zigaretten-Fabrikation verwendet, z. B. ist die billige in Südafrika viel gerauchte „Flag"-Zigarette aus Virginiatabak hergestellt. Türkischer Tabak, der eigentliche Zigarettentabak, wird hauptsächlich in der Gegend von Stellenbosch bei Kapstadt gebaut. Natal baut etwas Zigarrentabak, doch wird die Natal-Zigarre von Kennern gemieden. Anbaufläche und Ertrag für die einzelnen Provinzen sind aus nachstehender Aufstellung ersichtlich:

Jahr	Kapprovinz Fläche Acres	Kapprovinz Ertrag lb.	Natal Fläche Acres	Natal Ertrag lb.
1911	4 411	3 767 179	1 062	2 685 037
1918	7 427	4 466 900	1 096	515 400
1919	—	4 776 065	—	613 715

Jahr	Transvaal Fläche Acres	Transvaal Ertrag lb.	Orange-Freistaat Fläche Acres	Orange-Freistaat Ertrag lb.	Union Ertrag lb.
1911	11 495	7 701 774	2 396	807 209	14 961 199
1918	13 569	6 928 900	1 033	591 400	14 931 153
1919	—	8 121 930	—	671 219	14 182 929

Im Tabakbau hatte sich vor dem Kriege eine gewisse Überproduktion fühlbar gemacht, da sich im Ausland kein nennenswertes Begehren für südafrikanischen Tabak zeigte. Seit dem Kriege und besonders in neuerer Zeit haben sich aber die Absatzverhältnisse erheblich gebessert, so daß recht günstige Zukunftsaussichten für den Tabakbau bestehen dürften. Die Regierung unterstützt den Tabakbau durch Anlage von Versuchsstationen. Die Lagerung und der Absatz des Tabaks geschieht meist im genossenschaftlichen Betriebe; die Rustenburger Farmer-Genossenschaft allein nimmt ihren Mitgliedern 2—3 Millionen lbs Tabak jährlich ab.

Die Verarbeitung des Tabaks geschieht in Spezialfabriken. Der einzelne Farmer befaßt sich nicht damit, er liefert seinen Tabak getrocknet und gebündelt an die Genossenschaften oder Fabriken ab.

Baumwolle. Mit dem Anbau von Baumwolle sind seit längerer Zeit Versuche gemacht worden, und einige Gegenden des Transvaal scheinen leidlich dafür geeignet zu sein. Ein abschließendes Urteil läßt sich noch nicht abgeben, jedenfalls wird aber die Union niemals als ernsthafter Großproduzent von Baumwolle in Frage kommen. Es wurden im Jahre 1918 annähernd 800 000 lbs entkernte Baumwolle in der Union gewonnen, davon entfielen auf den Transvaal 676 110 lbs.

c) Forstnutzung

Die Union ist kein waldreiches Land; geschlossene Waldbestände sind selten, und die einzelnen Bäume, die in den Steppen und hauptsächlich am Rande der ausgetrockneten Flußbetten auftreten, kann man nicht als Wälder bezeichnen. Das Land ist auch im Laufe der Zeit immer mehr abgeholzt worden, man kann oft hunderte von Kilometern reisen, ohne einen Baum zu Gesicht zu bekommen. Von einer Forstnutzung kann hiernach kaum die Rede sein, immerhin ist das Holz der vorhandenen Bäume, insbesondere des Kameldorns, hochwertig und für den Wagenbau vorzüglich geeignet. In Natal wird eine Akazie gepflanzt, deren Rinde als Gerbrinde zur Ausfuhr gelangt. Der Wert dieser Ausfuhr betrug im Jahre 1918 annähernd ½ Million £.

6. Siedlungswesen.

Entsprechend der überragenden Bedeutung der Farmwirtschaft in Südafrika bedarf die Art und Weise, wie das Farmen oder Siedeln dort vor sich geht, einer näheren Betrachtung. Vorausgeschickt seien außer dem im vorangehenden Abschnitt gegebenen Material noch einige statistische Zahlen allgemeiner Art.

Von den rund 150 Millionen Hektar Grundfläche der Union stellen etwa 115 Millionen Privatbesitz von Weißen und Gesellschaften, Kommunalbesitz oder Reservatbesitz der Regierung dar; etwa 13 Millionen Hektar sind Reservatbesitz der Eingeborenen, während das noch verfügbare, für Neusiedlungszwecke bestimmte Kronland etwa 22 Millionen Hektar beträgt. Diese 22 Millionen Hektar liegen hauptsächlich im nördlichen Transvaal und in den Bezirken der Kapprovinz Gordonia, Betschuanaland und Kenhardt.

Die Zahl der bestehenden Farmbetriebe betrug im Juni 1918 für die Union insgesamt 76 149; über die Verteilung der Betriebe auf die 4 Provinzen, über die Art des persönlichen Besitzverhältnisses bei den Farmen sowie über erfolgte Einzäunungen der Farmen, die von großer Wichtigkeit für jeden Betrieb ist, gibt die nachstehende Aufstellung Auskunft:

Provinz	Im Privat-Eigentum	Gepachtet	Im Gesellschafts-Eigentum	Verwaltet
Kapprovinz	17 596	8 120	2 560	2 843
Natal	4 356	1 603	375	777
Transvaal	12 181	5 797	2 565	1 481
Orange-Freistaat	10 107	3 048	1 282	1 368
Im ganzen	44 240	18 568	6 872	6 469

Provinz	Gesamtzahl der Farmen	Eingezäunt Ganz	Eingezäunt Zum Teil
Kapprovinz	31 119	15 035	12 823
Natal	7,111	2 832	2 898
Transvaal	22 114	8 883	10 092
Orange-Freistaat	15 805	11 748	3 853
Im ganzen	76 149	38 498	29 667

Von besonderem Interesse ist auch die nachstehende Zusammenstellung über die in den einzelnen Provinzen in Kultur genommenen Flächen, über die Art der Kulturen und der Landflächen, die künstlich bewässert werden oder als bewässerbar angesehen werden. (Siehe Tabelle I S. 37).

Von der weißen Gesamtbevölkerung sind beruflich in der Farmwirtschaft tätig 168 252 männliche und 24 172 weibliche Personen ohne den Familienanhang. Der Beruf ist damit jedem andern in der Union an Personenzahl überlegen. Über die Beschäftigung von weißen und farbigen Angestellten und Arbeitern in der Farmwirtschaft sind für 1918 folgende Zahlen erwähnenswert: (Siehe Tabelle II S. 37).

Die bisherige Darstellung der Farmwirtschaft hat bereits gezeigt, daß diese von großer Vielseitigkeit in der Union ist.

Die ursprüngliche Wirtschaftsform war die extensive Weidewirtschaft. Der Farmer beschränkte sich im allgemeinen darauf, sein Vieh auf die Weide zu schicken und seiner natürlichen Vermehrung beschaulich zuzusehen. Dieser Art der Wirtschaft huldigen auch heute noch eine Anzahl rückständiger Farmer, hauptsächlich Buren. Diese haben es auf möglichst zahlreiche Herden und demgemäß auf möglichst umfangreiche Weideplätze zu deren Ernährung abgesehen und sind deshalb von einem unersättlichen Landhunger beseelt. Die Mehrzahl der Farmer hat jedoch erkannt, daß diese Art der Wirtschaft sich nicht so gut rentiert, wie die Ausnutzung auch anderer wirtschaftlicher Möglichkeiten auf der Farm, insbesondere des Landbaus, und hat sich deshalb der intensiveren Bewirtschaftung ihrer Farmen zugewendet. Vielfach geschah dies nicht ganz freiwillig, sondern unter dem Zwange der im Laufe der Generationen notwendig gewordenen

Tabelle I.

Provinz	Fläche der Farmen	Fläche unter Kultur					Bewässert	Bewässert und bewässerbar
		Kultur-Gewächse	Obst	Holz	Brachland	Insgesamt		
	1,000 Acres.	Acres.	Acres.	Acres.	Acres.	Acres.	Acres.	Acres.
Kapprovinz	121,569	2,047,825	98,398	50,410	955,576	3,152,209	591,040	1,258,643
Natal	8,709	662,928	16,623	263,230	163,837	1,106,618	25,180	77.882
Transvaal	31,124	2,378,394	41,721	98,286	494,443	3,012,844	218,141	467,768.
Orange-Freistaat . .	30,250	2,413,269	25,020	50,170	326,434	2,814,893	79,823	187,633

Tabelle II.

Provinz	Weiße		Eingeborene		Asiaten		Andere Farbige	
	männl.	weibl.	männl.	weibl.	männl.	weibl.	männl.	weibl.
Kapprovinz	23,615	6,393	70,933	30,536	786	46	36,566	11,301
Natal	2,281	576	54,084	12,960	18,405	3,920	334	65
Transvaal	7,863	2,497	69,968	25,117	436	78	524	231
Orange-Freistaat . .	7,997	3,399	59,638	35,737	—	—	1,249	527
Insgesamt	41,756	12,865	254,623	104,350	19,627	4,044	38,673	12,124

Erbteilungen, die die Farmgrößen dauernd verringerten und ihre Besitzer zwangen, die Farm nach allen Wirtschaftsrichtungen auszunutzen. So befindet sich die Union schon seit längerer Zeit in einem verhältnismäßig sich schnell vollziehendem Übergangsstadium von extensiver Weidewirtschaft zu intensiver Ackerbauwirtschaft. Hauptsächlich haben in dieser Richtung die außerordentlichen Erfolge, die mit künstlicher Bewässerung erzielt wurden, mitgewirkt. Während man gutes Weideland durchschnittlich mit etwa 10—20 sh für 1 acre bewertet, werden für Kulturland unter Bewässerung nicht selten £ 250 bis £ 350 für 1 acre gezahlt. Dieser Unterschied im Werte der Ländereien hat zu einem großzügigen Ausbau der Wasserwirtschaft zum Zwecke künstlicher Bewässerung geführt. Nicht nur einzelne private Farmer und Gesellschaften haben durch Anlage von Staudämmen in den zur Regenzeit fließenden, sonst trockenen, Flußbetten oder durch direkte Ableitung des Flutwassers aus diesen mustergültige Anlagen geschaffen, sondern es sind große Wassergenossenschaften für ganze Bezirke gebildet worden, die mit Kanälen von hunderten von Kilometern Länge riesige Areale mit der Möglichkeit künstlicher Bewässerung für die Anlieger ausstatten. Einige besonders große Unternehmungen hat die Regierung selbst in die Hand genommen. Derartige große Unternehmungen sind in der Durchführung begriffen z. B. für den Bezirk Cradok in der Kapprovinz durch Ausnutzung des Flutwassers des Fish-River, im Graaf Reinet Bezirk in der Kapprovinz durch Ausnutzung des Sundays-River, im Freistaat durch Ausnutzung des Modder-River und im Transvaal durch Ausnutzung des Crocodile-River. Die Aufdämmung des ständig fließenden Vaalflusses im Transvaal ist ebenfalls geplant.

Durch diese großen Wasseranlagen werden jedoch nicht nur die Betriebe der bisherigen Anlieger ertragsfähiger gemacht, sondern es wird auch Raum für eine größere Zahl neuer Ansiedler geschaffen. Der Preis solchen unter Flutwasser gebrachten, also nur zur Regenzeit bewässerbar gemachten, Landes stellt sich auf ungefähr £ 10—£ 50 für den acre, und man rechnet, daß etwa 50 acres zur Begründung einer rentablen Wirtschaft erforderlich sind. Bei ständig bewässerbarem Land können schon 3—6 acres eine rentable Wirtschaft darstellen. Bei einer Ansiedlung muß sich der Siedler zunächst darüber klar sein, welche Art der Wirtschaft er betreiben will. Die Art und Größe des zu erwerbenden Landes wird sich, abgesehen von der Kostenfrage, danach richten müssen, ob der Siedler nur Weidevieh halten will oder nur Obst ziehen oder nur Luzerne oder Tabak bauen will, ob er wertvolles Milchvieh oder Strauße halten oder einem gemischten Farmbetrieb sich zuwenden will. Irgendwelche Berechnungen lassen sich wegen dieser mannigfaltigen Möglichkeiten nicht aufstellen, und bezüglich des Kapitals, über das ein Neusiedler verfügen muß, wenn er aus Privathand oder von einer Genossenschaft kaufen will, kann man sagen, daß £ 1000 das Mindestkapital sind, um eine Kleinviehfarm mit etwas Ackerland (nicht bewässerbarem!) anzufassen); £ 2000 sind mindestens erforderlich, um eine, wenn auch kleine Farm, deren gesamtes Gelände künstlich bewässerbar ist, anzufassen. Als Anhalt dafür, welche Preise Anfang 1921 für ländliche Wirtschaften gefordert wurden, seien nachstehend einige aus südafrikanischen Zeitungen herausgegriffene Verkaufsangebote wiedergegeben:

Wellington: 7 Acres, prachtvoller Boden, einige Minuten von Eisenbahnstation und Schulen. Ganz mit Draht eingezäunt. Bepflanzt mit 100 jungen Aprikosenbäumen. Gut gebautes Haus, 4 große Zimmer und Küche. Gute Wasserverhältnisse. Preis £ 850.

Paarl: 8 Acres in Paarl-Dorf ganz eingezäunt und bepflanzt mit 10 000 Weinstöcken und 500 Fruchtbäumen, sämtlich in Tracht. Viel Holz auf dem Platz. Schönes großes Wohnhaus, Badezimmer, Stallung für 6 Stück Großvieh, Hühner und Schweinestall. Preis £ 1650.

Olifantsrivier: 350 Morgen, 4 Meilen von Eisenbahnstation, 40 Morgen unter Bewässerung, tiefer, fruchtbarer Rivierboden, geeignet für Korn, Luzerne, Obst, Wein, Gemüse usw. Eine Anzahl Weinstöcke und Obstbäume in voller Tracht. Verschiedene kleine Gebäude. Preis £ 1750.

Olifantsrivier: 20 Morgen unter Bewässerung. Tiefer fruchtbarer Rivierboden, geeignet für Getreide, Obst, Weintrauben, Luzerne usw. Eine Anzahl Weinstöcke und Obstbäume in Tracht. Zwei Gebäude haben Reparaturen nötig. Preis £ 1100.

Alle diese angebotenen Ländereien liegen in der Kapprovinz. Für den Transvaal kann als gegenwärtiger Durchschnittspreis 10—60 sh für den Morgen unbewässerten Landes gelten; für Land unter Bewässerung werden bis zu £ 160 für den Morgen bezahlt.

Im Freistaat beträgt der Durchschnittspreis für unbewässertes Land nahe der Bahn 2—6 £ für den Morgen, bewässerbares Land kostet 10—20 £ für den Morgen.

Günstigere Bedingungen bestehen für den Siedler, der in der Lage ist, von der Regierung direkt Land zu erwerben, und jedem Siedler, insbesondere dem Neuansiedler, ist in mancher Richtung Regierungsunterstützung in Aussicht gestellt. Es hängt dies mit der von der Unionsregierung konsequent durchgeführten Siedlungspolitik zusammen, mit der wir uns wegen ihrer Wichtigkeit etwas näher zu befassen haben.

„Closer settlement" d. h. dichtere Besiedlung ist das Losungswort der Unionsregierung auf volkswirtschaftlichem Gebiete. Die Regierung hat klar erkannt, daß von einer dichteren Besiedlung des Landes und der intensiveren Bewirtschaftung der Farmen die weitere Entwicklung und wirtschaftliche Zukunft des Landes abhängt und handelt danach.

Von den Mitteln, durch die die Regierung ihre Ziele zu verwirklichen sucht, sind die folgenden hervorzuheben:

1. Die Einrichtung landwirtschaftlicher Schulen zur Heranbildung tüchtiger Farmer, verbunden mit Versuchsfarmen zur Informierung der Farmer über Fortschritte in der Landwirtschaft. Solche Schulen bestehen z. B. in Elsenburg bei Kapstadt, in Grootfontein bei Middelburg in der Kapprovinz und in Potchefstrom im Transvaal.

2. Die Einrichtung von dry farming Stationen in Lichtenburg und an anderen Plätzen, sowie von Tabak- und Baumwolle-Versuchsstationen und Forststationen.

Die sog. dry farming Methode oder Trockenfarmerei will nicht etwa, wie man aus der Bezeichnung entnehmen könnte, Ernten ohne Regen oder Bewässerung erzielen. Sie will aber durch eine besonders gründliche Feldbestellung, die hauptsächlich in tiefem Pflügen und oftmaligen Eggen besteht, selbst bei ganz geringen Regenfällen dem Lande noch Ernten abgewinnen, was noch bei einem durchschnittlichen jährlichen Regenfall von 250 mm erreichbar sein soll.

3. Die Haltung von wertvollen Stammherden und Abgabe der Nachzucht an die Farmer.

4. Die bei den Subventionsverträgen mit den Schiffahrtslinien vereinbarte frachtfreie Beförderung von Zuchtvieh.

5. Die billigen Bahntarife für landwirtschaftliche Produkte, insbesondere für den Maisexport, wobei bemerkt sei, daß selbst für Postversand landwirtschaftlicher Produkte ein besonders niedriger Ausnahmetarif besteht.

6. Die Organisation des Fruchtexports mit staatlicher Unterstützung.

7. Die Herausgabe und kostenlose Verteilung des Agricultural Journal, das sehr viel Anregungen enthält.

8. Die Gewährung von Darlehen zu ermäßigten Zinssatz (3½—4 v. H.) für Einzäunungen und Dippanlagen.

9. Weitgehende Unterstützung der Regierung bei Vornahme von Wassererschließungsarbeiten.

Das wichtigste Mittel zur Durchführung dichterer Besiedlung liegt jedoch in der Durchführung des Landsiedlungsgesetzes aus dem Jahre 1912 mit Abänderungen aus dem Jahre 1917. Dieses Gesetz, zu dessen Durchführung gleichzeitig 5 Millionen Pfund Sterling bewilligt wurden, verfolgt in erster Linie den Zweck, mittellose Leute, die aus eigner Kraft eine Wirtschaft einzurichten nicht imstande sind, zu unterstützen. Ferner soll insbesondere den Leuten geholfen werden, die praktische Erfahrungen im Ackerbau besitzen, aber nicht über genügende Mittel zum selbständigen Farmbetrieb verfügen. Schließlich sollen auch die Farmer unterstützt werden, die ihren Betrieb intensiver gestalten wollen. Für die Besiedlung soll der Landminister das vorhandene

Kronland verwenden und nötigenfalls privaten Grundbesitz ankaufen. Nach Festlegung und Vermessung der einzelnen Farmen oder Heimstätten werden diese im Amtsblatt öffentlich zu einem festen Preise ausgeboten und dabei ihren wirtschaftlichen Eigenschaften nach individuell beschrieben. Für die Prüfung der eingehenden Bewerbungsanträge stehen der Regierung Siedlungskommissionen zur Seite. Den Zuschlag erhält der am meisten geeignet erscheinende Bewerber.

Um eine ausgeschriebene Landstelle kann sich nach Art. 19 nur bewerben, wer

a) mindestens 18 Jahre ist,

b) hinreichende Fähigkeiten besitzt, die betreffende Landstelle wirtschaftlich auszunützen,

c) sich verpflichtet, das Land persönlich zu bewohnen, zu entwickeln und wirtschaftlich auszunützen,

d) einen guten Leumund besitzt,

e) genügend Kapital zur Bewirtschaftung hat,

f) die Erklärung abgibt, daß er die Landstelle ausschließlich zu seinem eigenen Nutzen und dem seiner etwaigen Familienmitglieder ordnungsgemäß bewirtschaften will.

Wer den Zuschlag auf ein Landausgebot erhalten hat, kann mit der Regierung einen 5jährigen Pachtvertrag abschließen. Ein sofortiger Kauf ist ausgeschlossen.

Im ersten Pachtjahr ist kein Pachtzins zu zahlen, im zweiten und dritten ein solcher von 2 v. H. des im Ausgebot zu Grunde gelegten Preises, in den beiden letzten Jahren 3½ v. H. Wird der Pachtvertrag vorzeitig gelöst, so sind für die abgelaufene Pachtzeit durchweg 3½ v. H. Pachtzins zu zahlen.

Hat der Pächter sämtliche ihm obliegenden Verpflichtungen erfüllt, so kann er während des Laufes der Pachtdauer oder nach ihrer Beendigung das Grundstück zu dem bei der Ausschreibung für die Pachtberechnung zugrunde gelegten Kaufpreis käuflich erwerben. Eigentümer wird er damit jedoch nicht. Es müssen in jedem Falle mindestens 10 Jahre seit Beginn der Pacht verflossen sein, auch müssen alle Kaufgelder und sonstigen Forderungen der Regierung bezahlt und alle sonstigen gesetzlichen Bedingungen erfüllt sein, bevor der General-Gouverneur den sogenannten Crown grant, der erst die Eigentumsübertragung bedeutet, erteilt. Bis dahin kann dem Pächter oder Käufer bei Verletzung seiner Verpflichtungen das Grundstück wieder entzogen werden.

Bemerkt sei noch, daß das Eigentum nur von britischen Staatsangehörigen erworben werden kann. Ein zugewanderter deutscher Neuansiedler wird unter dem derzeitigen Regime kaum auf den Erwerb einer von der Regierung ausgebotenen Siedlung rechnen können, immerhin wird ihm aber diese oder jene Vergünstigung, insbesondere auf dem Gebiete der Wassererschließung, zu statten kommen können. In dieser Hinsicht erstreckt sich die Hilfe der Regierung auf folgende unterstützenden Maßnahmen:

1. Ausführung hydrographischer Vermessungen zur Erforschung aller in Betracht kommenden Bewässerungsmöglichkeiten, sowie Aufstellung von systematischen Plänen für Herstellung neuer Bewässerungswerke, sowohl großer wie kleiner, und für Verbesserung bestehender Werke.

2. Unterstützung der Farmer mit fachmännischem Rat oder durch Ausarbeitung von Bewässerungsplänen gegen geringe Gebühr.

3. Hingabe von Darlehen für geprüfte Bewässerungsanlagen gegen gute Sicherheit zu leichten Bedingungen.

4. Ausführung von Bewässerungsanlagen zwecks Durchführung dichterer Besiedlung.

Der Förderung der Siedlung dient schließlich noch die Einrichtung der Landbank in Prätoria, die mit einem Kapital von etwa 5 Millionen Pfund Sterling arbeitet.

Die Bedingungen für den Landeigentümer sind: halbjährliche Zinszahlung und nach Ablauf von 5 Jahren Amortisation des Kapitals in halbjährlichen Ratenzahlungen binnen 25 Jahren. Das Eigentum, das verpfändet ist, muß dauernd bewohnt und nützlich bebaut oder bewirtschaftet werden, außer wenn es ausschließlich als Viehweide dient.

Beliehen wird bis zu 60 v. H. des Wertes des Grundstücks, der Zinsfuß beträgt 5 v. H. und ist für südafrikanische Verhältnisse außerordentlich gering. Die Höhe der Darlehen an den einzelnen Empfänger ist auf £ 2000 begrenzt, damit die Hilfe der Bank einem möglichst großen Personenkreis zu gute kommt. Farmwirtschaftliche Genossenschaften, deren es in der Union 31, hauptsächlich zur gemeinsamen Verwertung der Landbauprodukte, gibt, erhalten höhere Kredite, die dann ja wieder den Mitgliedern zu gute kommen.

Wer auf Grund des Landgesetzes von 1912 siedelt, kann außerdem von der Siedlungskommission £ 250 zur Anschaffung von Vieh und Ackergerät zum Zinsfuß von 4½ v. H. als Darlehen bewilligt erhalten, auch sind die Farmpreise für diese Siedler sehr niedrig gehalten. Im nördlichen Transvaal werden dem Siedler von der Regierung 1500—4500 Kapmorgen zum Preise von 2 sh 6 d bis 7 sh 6 d für den Morgen überlassen. Im Bezirk Gordonia an der Grenze der Kalahari werden sogar 10 000—15 000 Morgen zum Preise von 1 sh, im Bezirk Kuruman eine etwas geringere Größe zum Preise von 1 sh bis 2 sh 6 d und in den Bezirken Vryburg und Mafeking 2000—4000 Morgen zum Preise von 2 sh 6 d für den Morgen überlassen. Doch sind dies alles reine Weideländereien. Wenn Ackerbaumöglichkeit vorhanden, gibt die Regierung die Farmen nur in Größe von 100—250 Kapmorgen ab, und bei Bewässerungsland werden nur etwa 10 Kapmorgen bewilligt.

Beim Landerwerb aus privater Hand sind, wie schon erwähnt, die Preise weit höher und die Größenverhältnisse natürlich sehr verschieden.

Alles in Allem kann für die Siedlung in der Union gesagt werden, daß für einen tüchtigen strebsamen Landwirt mit etwas Kapital gute Aussichten für ein Fortkommen bestehen, und es besteht begründete Hoffnung, daß in näherer oder fernerer Zukunft sich wie vor dem Kriege auch deutschen zuwandernden Siedlern ein Tätigkeitsfeld dort bieten wird. Über die gegenwärtigen Aussichten für eine Seßhaftmachung von deutschen Landwirten wird im Abschnitt „Aussichten für deutsche Einwanderer" Näheres ausgeführt.

7. Bergbau.

Südafrika ist in der Welt wohl am meisten bekannt geworden durch seine Schätze an Gold und Diamanten. Tatsächlich liefern die Goldfelder des Witwatersrand im Transvaal annähernd die Hälfte der Goldproduktion der gesamten Welt, und für Diamanten ist Südafrika so ziemlich das alleinige Herkunftsland. An sonstigen wichtigen Mineralien werden in der Union noch Kohle, Kupfer und Zinn gewonnen. In den verschiedenen Bergbaubetrieben der Union sind 33 000 Weiße und 263 000 Eingeborene und Farbige tätig!

Gold. Der Wert der Golderzeugung im Transvaal seit 1884 ist aus nachstehender Aufstellung ersichtlich:

Jahr	Wert £	Jahr	Wert £
1884	10 096	*1902	7 297 351
1885	6 010	1903	12 621 781
1886	34 710	1904	16 018 026
1887	169 401	1905	20 848 273
1888	967 416	1906	24 606 336
1889	1 490 568	1907	27 400 992
1890	1 969 645	1908	29 973 115
1891	2 924 305	1909	30 987 650
1892	4 541 071	1910	31 973 123
1893	5 480 498	1911	35 041 485
1894	7 667 152	1912	38 686 250
1895	8 569 555	1913	37 372 949
1896	8 603 821	1914	35 656 814
1897	11 653 725	1915	38 628 437
1898	16 240 630	1916	39 489 522
*1899	15 452 025	1917	38 306 381
*1900	1 481 442	1918	35 758 636
*1901	1 097 219		

*Kriegsjahre.

Danach weist die Produktion in den letzten Jahren einen nicht unerheblichen Rückgang auf. Dieser ist hauptsächlich auf die Steigerung der Kosten der Lebenshaltung und damit der Löhne zurückzuführen. Von den erzärmeren Minen hat bereits eine Anzahl stillgelegt werden müssen, und das Ende der Krisis ist noch nicht abzusehen. Beim Goldbergbau können nämlich die höheren Gestehungskosten nicht durch eine Erhöhung des Goldpreises wettgemacht werden, da dieser ein für allemal feststehend bleiben muß. Gegenwärtig ist die Ausfuhr von Gold verboten.

Diamanten. Nächst Gold bilden Diamanten die wertvollste Bergwerksausbeute in Südafrika. Die hauptsächlichsten Diamantfelder sind die der de Beers Company bei Kimberley und die der Premier Mine im Transvaal. Die Förderung wurde bei Kriegsausbruch stillgelegt und 1916 wieder aufgenommen. Den Gesamtwert der Förderung zeigt die folgende Aufstellung, aus der auch die starke Preissteigerung der Diamanten ersehen werden kann:

Jahr	Anzahl der Karate	Wert in £
1904	3 683 157	7 208 645
1905	3 368 789	6 204 547
1906	4 136 236	9 596 643
1907	5 170 812	9 985 926
1908	4 091 121	5 406 581
1909	5 169 871	7 199 359
1910	5 456 558	8 189 197
1911	4 891 999	8 746 724
1912	5 071 882	10 061 489
1913	5 163 547	11 389 807
1914	2 801 017	5 487 194
1915	103 386	399 810
1916	2 346 330	5 728 391
1917	2 902 417	7 713 810
1918	2 537 360	7 114 867

Angesichts der hohen Diamantenpreise und der tatsächlichen Monopolstellung, die Südafrika auf dem Diamantenmarkt hat, stehen die Diamantminen wirtschaftlich günstig da, und es ist wohl nicht zu befürchten, daß die Diamanten, wie etwa die Straußenfedern in der Union, eines Tages außer Mode kommen werden. Immerhin hat aber auch der Diamantenbergbau unter der wirtschaftlichen Depression des Jahres 1921 mit zu leiden, und manche Betriebe sind stillgelegt.

Kohle wird in erheblichem Umfange im Transvaal und in Natal, in geringerem auch im Freistaat und der Kapprovinz gefördert. Die südafrikanische Kohle ist sehr verschiedenartig und steht an Güte der englischen erheblich nach, ist dafür auch weit billiger.

Menge und Wert der Produktion im Jahre 1918 ist aus folgender Aufstellung ersichtlich:

	Kapprov.	Natal	Transvaal
Geförderte Menge (in tons (2000 lb.)	4 654	2 607 133	6 438 961
Wert der Produktion in £	3 566	1 358 934	1 632 361
Wert pro tons (2000 lb.)	15s. 3,89d.	10s. 5,10d.	5s. 0,84d.

	Orange-Freistaat	Union
Geförderte Menge in tons (2000 lb.)	826 577	9 877 325
Wert der Produktion in £	229 736	3 224 597
Wert pro tons (2000 lb.)	5s. 6,70d.	6s. 6,35d.

Kupfer und Zinn. Von wertvollen Mineralien, die auf den Weltmarkt gelangen, sind noch Kupfer und Zinn zu nennen. Kupfererze wurden im Jahre 1918 im Werte von etwa £ 350 000 ausgeführt. Die Zinnproduktion betrug im gleichen Jahre über 2 Millionen Tons im Werte von £ 441 000.

Sonstige Mineralien. Zur Ausfuhr gelangt noch Asbest, der als einziger in der Welt eine blaue Farbe hat, in nennenswerter Menge. Die übrigen Mineralien die gewonnen werden, haben vorläufig nur lokale Bedeutung. Dazu gehört in erster Linie das Eisen, von dem umfangreiche Lagerstätten bekannt sind. Auf die sich entwickelnde Eisenindustrie wird im nächsten Abschnitt noch eingegangen werden. An sonstigen gewonnenen Mineralien wären noch zu erwähnen Antimon, Blei, Zink, Graphit, Korund und Wolfram.

8. Industrie.

Die industrielle Entwicklung der Union hat im Kriege einen außerordentlichen Aufschwung genommen, und man hatte sich dort wohl zeitweilig der Hoffnung hingegeben, daß dieser Aufschwung ein dauernder sein werde und daß Südafrika in die Reihe der großen Industriestaaten eintreten werde. Indessen hat es sich bereits auf verschiedenen Industriegebieten gezeigt, daß deren Entwicklung nur wegen der zeitweiligen Lieferungsunfähigkeit europäischer Industrien möglich war, und Rückschläge und Einschränkungen sind bereits jetzt eingetreten.

Von besonderem Interesse ist der Anlauf, den die Union auf dem Gebiete der eigenen Eisenerzeugung unternommen hat. Während vor dem Kriege Niemand in der Union an die industrielle Ausnutzung der an sich bekannten und bedeutenden Eisenerzlagerstätten dachte, legten die Kriegsjahre mit ihrer Eisenknappheit und hohen Eisenpreisen den Gedanken der Ausbeute nahe. Mit Energie und großen Erwartungen ging man ans Werk, und bereits im Jahre 1919 wurden Eisen und Stahlgüter im Werte von £ 405 798 in Südafrika hergestellt. Anfang 1921 bestanden 5 Unternehmungen zum Schmelzen von Eisen.

Die United Steel Corporation World in Vereeniging im Transvaal stellte 10 318 t Siemens-Martinstahl her. Der Wert der Erzeugnisse, die hauptsächlich für die Bergwerke Verwendung fanden, belief sich auf £ 200 753.

Die Transvaal Blast Furnace Comp. hat nur vorübergehend gearbeitet; sie produzierte 676 t Roheisen im Werte von £ 2855.

Die Pretoria Iron Works in Pretoria ließen im März 1920 einen Schmelzofen anblasen, ihn aber im September 1920 wieder löschen. Es wurden 1286 t Roheisen im Werte von £ 9645 erzeugt. Eine Kapitalserhöhung ist geplant, und es soll in Zukunft nicht nur Roheisen sondern auch Stahl hergestellt werden. Die Dinswart Iron and Steel Works in Dinswart im Transvaal förderten monatlich ungefähr 550 t Stangen-, Stab- und Winkeleisen; die Gesamterzeugung betrug 5596 t im Werte von £ 139 660.

Die Newcastle Iron and Steel Co. in Newcastle in Natal wurde gegründet, um Roheisen, Siemens-Martinstahl und Eisen- und Stahlgußstücke bis zu einem Gewicht von 20 t herzustellen.

Die Witwatersrand Co.-Cooperativ Smelting Works stellten bislang 1043 t Stahl im Werte von £ 22 400 her.

Die Unionsregierung sucht nach Kräften die Entwicklung der Eisen- und Stahlindustrie zu fördern. Sie hat mit den Pretoria Iron Works, die sich als South African Iron and Steel Corporation mit einem Kapital von 1½ Million £ neu organisiert hat, einen siebzehnjährigen Vertrag abgeschlossen, der die Eisenbahnverwaltung verpflichtet, 50 v. H. aller notwendigen Schienen und anderer Materialien von der Gesellschaft zu kaufen. Dafür hat die Gesellschaft ⅓ aller Gewinne über 10 v. H., die sie macht, an die Regierung abzugeben.

Der jährliche Bedarf an Eisen- und Stahlgütern in der Union wird geschätzt auf 77 000 t Schienen für Eisenbahnen und Minen, 5000 t Winkeleisen, 21 000 t Stangen, Bolzen und Stabeisen, 8000 t Eisenplatten, 2500 t Bolzen und Muttern, 25 000 t Zauneisen, 6000 t gedrehter Stahl, 7500 t Stempel und Matrizen, 2500 t Stahlgußstücke, 10 000 t Roheisen, zusammen 155 000 t.

So vielversprechend diese Anläufe sein mögen, wird sich doch erst in der Zukunft ausweisen, ob diese Industrie in der Union lebensfähig sein wird, und es wird von großem Interesse sein, die Entwicklung weiter zu verfolgen.

Daß die Zuckerindustrie seit Kriegsausbruch einen außerordentlichen Aufschwung genommen hat, wurde bereits hervorgehoben. Während die europäischen Länder noch immer unter Zuckermangel leiden, verfügt die Union jetzt über mehr Zucker, als sie selbst verbrauchen kann, und zwar zur Hälfte des Weltmarktpreises.

Einen bedeutenden Aufschwung hatte auch die Schuhwaren-Industrie genommen. Während im Jahre 1914 die Zahl der in dieser Industrie beschäftigten Arbeiter 900 betrug, war sie Ende 1920 auf 4300 angewachsen. Im Jahre 1920 wurden 2½ Millionen Paar Schuhe in der Union hergestellt. Gleichzeitig wurden aber von England ebenfalls 2½ Millionen Paar Schuhe auf den südafrikanischen Markt geworfen, so daß gegenwärtig ein Überangebot an Schuhen besteht und 2300 Arbeiter dieses Industriezweiges feiern müssen. Es wird gegen England der Vorwurf des Ausfuhrschleuderns (dumping) erhoben und eine schärfere Schutzpolitik (der gegenwärtige Einfuhrzoll beträgt 20 v. H. des Wertes) gefordert. Dieses Beispiel zeigt deutlich, auf wie schwachen Füßen einzelne Kriegsindustrien in der Union stehen.

Auch auf anderen industriellen Gebieten hat der Preissturz, der Ende 1920 in den verschiedenen Ländern eintrat, auch die Union stark in Mitleidenschaft gezogen. Die gesunkenen Woll- und Maispreise, Absatzschwierigkeiten für Weine und Branntwein, haben auch auf die Industrien stark zurückgewirkt. Es besteht zur Zeit der Abfassung dieser Schrift entschieden eine Industrie- und Handelskrisis in der Union. Es fragt sich nur, ob sie — was der Wahrscheinlichkeit entsprechen dürfte — eine vorübergehende sein wird oder zu einer dauernden Schädigung des Landes und zum Wiederabbau von Industrien führen wird. Sicherlich wird jedenfalls trotz des Rückschlages und der derzeitigen gespannten Lage bei der an sich gesunden Grundlage der südafrikanischen Wirtschaft dieser oder jener Industrie in der Union noch eine günstige Entwicklung bevorstehen; ein Industrieland im europäischen Sinne wird jedoch Südafrika in absehbarer Zeit nicht werden. Trotz der vorhandenen Basis von Kohle und Eisen stehen seiner industriellen Entwicklung verschiedene Hindernisse im Wege, vor allem der geringe Absatzmarkt im eigenen Lande, der bei einer Zahl von 1½ Millionen Weißen nicht die genügende Kaufkraft und Aufnahmefähigkeit hat, und dann auch der Mangel an geschulten Arbeitskräften im Lande, die überdies sehr teuer sind.

Die Anzahl und Zunahme der Fabriken in den Provinzen und der Union seit 1915 geht aus folgender Aufstellung hervor:

Anzahl der Fabriken:

Jahr	Kapprov.	Natal	Transvaal	Orange-Freistaat	Union
1915—16	1 970	597	1 157	274	2 998
1916—17	2 544	768	1 618	375	5 305
1917—18	2 774	864	1 879	401	5 918

Man könnte aus der Zahl von beinahe 6000 Fabriken auf einen bereits erreichten Hochstand der industriellen Entwickelung schließen, und sicherlich ist die schnelle und starke Zunahme sehr bemerkenswert. Doch erklärt sich die große Anzahl der Fabriken hauptsächlich daraus, daß für die Statistik in der Union jeder Betrieb, der 3 oder mehr Arbeiter beschäftigt als Fabrik gezählt wird. So sind z. B. in der folgenden Zusammenstellung der verschiedenen Arten der Fabriken im Jahre 1918 allein 1733 „Fabriken" aufgeführt, die sich mit der Herstellung von Nahrungsmitteln und Getränken beschäftigen.

Arten der Fabriken	Kap-prov.	Natal	Trans-vaal	Orange-Frei-staat	Union
1. Rohmaterial	63	20	16	1	100
2. Steine und Erden	102	33	107	30	272
3. Holz	123	51	65	7	246
4. Metalle, Maschinen	237	91	339	52	719
5. Nahrung, u. Getränke	897	247	452	137	1 733
6. Kleidung, Textilwaren	357	69	202	37	665
7. Druckereien	152	43	89	15	299
8. Fahrzeuge	277	88	181	48	594
9. Schiffsbau	7	7	—	—	14
10. Möbel	90	29	61	2	182
11. Chemische	33	29	34	1	97
12. Instrumente	6	4	9	—	19
13. Juwelierwaren	20	11	19	1	51
14. Wärme, Licht, Kraft	56	37	84	19	196
15. Leder u. Lederwaren	136	34	51	11	232
16. Baumaterial	195	60	158	40	453
17. Verschiedene	23	11	12	—	46
Insgesamt	2 774	864	1 879	401	5 918

Von Bedeutung für den Welthandel sind von den Fabriken vorläufig nur die großen Sprengstoffabriken, von den anderen würde man in Europa vielleicht noch solche als Fabriken bezeichnen, die Zement, Düngemittel, Seifen, Kerzen, Zündhölzer, Tabak, Bier und Schwefelsäure herstellen. Von Bedeutung für Kraftwagenspeisung scheint ferner die Herstellung des sog. Natalit, eines schon (S. 34) erwähnten Rückstandes der Zuckerproduktion, zu sein. Auch die Lederherstellung hat im Kriege ebenfalls einen vielversprechenden Aufschwung genommen, wenn auch die Schuhwarenindustrie sich in einer Krisis befindet.

Von Interesse ist auch der statistische Nachweis des Jahres 1918 über die Zahl der in den Fabriken beschäftigten Angestellten und Arbeiter sowie über die Höhe des ihnen gezahlten Durchschnittslohnes:

Arten der Fabriken	Arbeiterzahl weiße Arbeiter	Arbeiterzahl weiße und farbige Arbeiter	Durchschnitts-Jahreslohn für Weiße £	Durchschnitts-Jahreslohn für Farbige £
1. Rohmaterial	245	1 955	140	41
2. Steine u. Erden	1 134	87 89	217	50
3. Holz	1 587	5 319	171	73
4. Nahrungsmittel und Getränke	7 109	31 343	176	60
5. Metall u. Maschinen	14 996	31 379	248	138
6. Kleidung u. Textilwaren	4 627	7 689	98	79
7. Druckereien	4 163	6 092	183	141
8. Fahrzeuge	2 887	5 260	155	102
9. Schiffsbau	101	191	356	210
10. Möbel	1 196	2 807	156	101
11. Chemische	2 265	9 089	229	81
12. Instrumente	60	80	161	125
13. Juwelierwaren	208	282	162	131
14. Leder u. Lederwaren	2 110	5 022	93	67
15. Baumaterialien	4 306	12 190	203	97
16. Wärme, Licht, Kraft	2 470	5 779	265	137
17. Verschiedene	454	936	153	46
			Gesamtdurchschnitt	
Insgesamt	49 918	134 211	£ 181	£ 91

Die Löhne für weiße Arbeiter sind nach dieser Tabelle sehr verschieden abgestuft, doch kann man im allgemeinen sagen, daß die Löhne angemessen und für wirklich geschulte Arbeiter, insbesondere Spezialarbeiter, sogar recht hohe sind. Wenn man den gezahlten allgemeinen Durchschnittslohn von jährlich £ 181 in die heutige deutsche Währung überträgt unter Zugrundelegung eines Kurses von 200 M. für ein £, so würde sich die Summe von 36 200 M. Jahresverdienst ergeben; der Jahresdurchschnittlohn eines Metallarbeiters würde bei gleicher Umrechnung nach deutschem Gelde 49 600 M. und der eines Schiffsbauarbeiters sogar 71 200 M. betragen. Diese Lohnberechnung darf aber einen auswanderungswilligen deutschen gelernten Arbeiter nicht veranlassen, den Lohn zu überschätzen und falsche Schlüsse in der Lohnfrage zu ziehen. Das englische Pfund hat eben in Südafrika nur die Kaufkraft eines Pfundes und nicht etwa die gleiche Kaufkraft, die 200 M. in Deutschland haben. Von großen Ersparnissen wird deshalb bei der teuren Lebenshaltung in Südafrika im allgemeinen nicht die Rede sein können. Immerhin wird aber ein hochbezahlter deutscher Spezialarbeiter bei einfacher Lebensweise solche machen und sich daraus einen ansehnlichen Sparfonds in Deutschland schaffen können.

Über sonstige Arbeiterfragen insbesondere auf sozialem Gebiet, wird in einem späteren Abschnitt zu sprechen sein.

9. Handel und Verkehr.

Daß die Ausfuhr an Gold, Diamanten, Wolle und Mais aus der Union ganz bedeutende Werte darstellt, ist in den vorhergehenden Abschnitten hervorgehoben worden. Es ist deshalb auch weiter kein Wunder, daß die Handelsbilanz der Union seit geraumer Zeit stark aktiv ist, d. h. daß die Ausfuhr die Einfuhr erheblich übersteigt. Die näheren Zahlen darüber sind aus nachstehender Statistik ersichtlich:

Jahr	Einfuhr £	Ausfuhr £	Insgesamt £
1906	31 047 825	41 015 247	72 063 072
1907	26 796 431	45 902 883	72 699 314
1908	24 482 277	43 040 808	67 523 085
1909	27 311 362	48 289 721	75 601 083
1910	36 727 367	53 607 340	90 334 707
1911	36 925 384	57 024 000	93 949 384
1912	38 838 960	62 974 219	101 813 179
1913	41 828 841	66 569 364	108 398 205
1914	35 354 971	55 053 876	90 408 847
1915	31 810 717	55 304 086	87 114 803
1916	40 399 945	63 250 181	103 650 126
1917	36 476 238	66 801 974	103 278 212
1918	49 487 168	68 708 240	118 195 408

Zu der Statistik ist zu bemerken, daß seit dem Jahre 1914 die Menge des ausgeführten Goldes nicht mehr bekannt gegeben ist; es ist deshalb der Wert des produzierten Goldes für die Jahre 1914—1918 eingesetzt worden, um einen richtigen Vergleichsmaßstab zu erhalten.

In die Union eingeführt werden hauptsächlich Textilwaren, Maschinen, Möbel, Papier, Bücher und Schreibwaren, Automobile, Nahrungsmittel und Getränke. Die wichtigsten Einfuhrartikel sind ihrem Werte nach nachstehend aufgeführt:

	1913 £	1914 £	1915 £
Textilwaren	10 352 170	9 005 370	9 081 331
Nahrungsmittel und Getränke	7 584 290	5 975 953	6 113 337
Maschinen	2 887 858	2 555 331	1 929 762
Papier	340 451	323 746	314 345
Möbel u. Hausrat	1 306 032	953 613	738 555
Kraftwagen	1 360 344	944 324	599 991

	1916 £	1917 £	1918 £
Textilwaren	13 414 247	12 379 875	22 955 056
Nahrungsmittel und Getränke	5 809 075	5 033 010	4 722 118
Maschinen	2 195 830	1 877 812	1 718 219
Papier	745 730	635 848	924 810
Möbel und Hausrat .	1 194 176	776 358	1 029 357
Kraftwagen	963 066	968 080	526 623

An der Einfuhr waren vor dem Kriege nächst England und seinen Besitzungen Deutschland und die Vereinigten Staaten von Amerika am stärksten beteiligt. Beide führten im Jahre 1913 für etwa 3½ Millionen Pfund Sterling Waren ein. Durch den Krieg ist die deutsche Einfuhr fortgefallen, die der Vereinigten Staaten dagegen war 1918 auf 6½ Millionen Pfund Sterling gestiegen. Im übrigen ist insbesondere Japans Einfuhr von etwa £ 100 000 im Jahre 1913 auf über 2½ Millionen im Jahre 1918 gestiegen. Hauptsächlich waren es Textilwaren, die Japan während des Krieges lieferte.

Die Hauptabnehmer der Union waren vor dem Kriege nächst England und seinen Besitzungen Deutschland mit über 2 Millionen Pfund Sterling im Jahre 1913, während die Ausfuhr nach den Vereinigten Staaten im gleichen Jahre nur ½ Million Pfund an Wert betrug. Im Jahre 1918 nahmen dagegen die Vereinigten Staaten für 6 Millionen Pfund Waren ab.

Der Wiederaufbau des von Grund aus zerstörten Handels Deutschlands mit der Union wird sich außerordentlich schwierig gestalten, da einmal auf diesem Gebiete Amerika, Japan die Niederlande und auch Frankreich die deutsche Erbschaft bereits angetreten haben und auch die zur Zeit noch übermächtigen Jingos dem Handel mit Deutschland Schwierigkeiten bereiten werden. Doch hat dies alles seine natürlichen Grenzen; auch der Jingo wird sich letzten Endes wieder bequemen, deutsche Waren zu kaufen, wenn diese besser und billiger als andere sind, und sie dann selbst englischen vorziehen; und die Union wird uns ihre Waren nicht nur verkaufen, sondern sogar aufdrängen, wenn sie Absatzschwierigkeiten hat. So ist bereits Ende 1920 eine Kommission aus der Union in Deutschland erschienen, um Wolle, an der sich England übersättigt hat, abzusetzen. Daß der südafrikanische Handel infolge der allgemeinen Preissenkungen, insbesondere in Wolle und Mais, gegenwärtig eine Krisis durchmacht, würde im vorigen Abschnitt bereits hervorgehoben.

Während die Union die Ausfuhr zu begünstigen sucht, so z. B. durch ungewöhnlich billige Bahntarife für Mais, hat sie sich für die Einfuhr mit einem starken Zollwall umgeben. Fast jede eingeführte Ware unterliegt einem Zoll, der in den meisten Fällen nach hundertteilen des Fakturenwertes berechnet wird. Für einzelne Waren wie z. B. Bücher, Tabakartikel, Leder, Schuhe beträgt er bis zu 25 v. H. des Wertes.

Die Schiffsverbindung Südafrikas mit Europa ist eine recht gute. Den Hauptanteil am Verkehr hat die Union Castle Line, die über vorzügliche Passagierdampfer neben Frachtdampfern verfügt. Sie unterhält einen wöchentlichen Passagierdienst von Southampton aus. Die Fahrtdauer nach Kapstadt beträgt 17 Tage für die besseren Dampfer. Von Rotterdam nach Südafrika unterhält ferner die Holland-Südafrika Linie einen Frachtdienst. Gelegentlich nehmen die Schiffe auch einige Passagiere mit. Seit Ende 1920 haben auch die Wörmann-Linie, die Deutsche Ostafrika-Linie, die Hamburg-Bremer Afrika-Linie und die Hamburg-Amerika-Linie im gemeinsamen Dienst die Fahrten nach Südafrika wieder aufgenommen. Seit Mitte Februar 1921 besteht außer dem Frachtverkehr ein regelmäßiger einmonatlicher Passagierdienst dieser Linie nach Südafrika, worüber Näheres unter Südwestafrika (S. 120) gebracht wird.

Die Verkehrsmittel in der Union selbst sind bei Berücksichtigung der riesigen Entfernungen und der geringen Bevölkerungsdichtigkeit recht gute zu nennen. Ein gutes Eisenbahnnetz verbindet die Hauptplätze in der Union. Kraftwagen sind in jedem kleinen Landstädtchen zu mieten, und schließlich sind auch noch Pferde- und Maultiergespanne ein durchaus angemessenes Beförderungsmittel selbst für längere Reisen in der Union. Ja selbst der Ochsenwagen und die Ochsenkarre, die für die Wirtschaft des Farmers noch immer unentbehrlich sind, spielen dort auch heute noch eine wesentliche Rolle im Verkehrswesen.

Die Einrichtungen der Post, Telegraphie und des Fernsprechwesens stehen in den größeren Städten ziemlich auf europäischer Höhe, in kleineren Orten und auf dem platten Lande lassen sie zu wünschen übrig.

Mit der Post sind Sparbanken verbunden, die Einlagen Privater von 1 sh bis £ 500 gegen 3 v. H. Zinsen annehmen. Im übrigen sind natürlich für geschäftliche Transaktionen große und kleine Bankhäuser vorhanden, von denen die Standard Bank, die National Bank of South Africa und die Nederlandsche Bank die bedeutendsten sind.

Von außerordentlicher Bedeutung für die Wirtschaftsgeschichte der Union wird das am 17. Dezember 1920 in Kraft getretene Bankgesetz sein. Dieses Gesetz sieht vor allem die Bildung einer Zentral-Reservebank vor, der eine allgemeine Kontrolle über die Notenemission, den Notenumlauf, die Kreditbeschaffung und die Metallreserven zusteht. Das Kapital beträgt 1 Million Pfund Sterling. Für die nächsten 25 Jahre hat die Bank allein das Recht, Banknoten auszugeben, die mit einer Goldreserve von 40 v. H. gedeckt sein müssen. Bei diesem vorsichtigen System werden die neuen Banknoten wohl weit höher im Kurse zu stehen kommen, als die Noten der Bank von England. Auch eine eigne Münze einzurichten steht die Union in Begriff; auch hat sie die Goldausfuhr bis auf weiteres verboten.

10. Soziale und kulturelle Verhältnisse.

Im großen und ganzen spielt sich das Leben der weißen Bewohner Südafrikas nicht viel anders als in Europa ab. Besonders gilt dies für die Städte und die größeren Ortschaften. Es sind dort wie bei uns fast alle Berufe vertreten, und die Lebensgewohnheiten sind ziemlich europäisch. Nur kommt man ständig mit den zahlreichen Farbigen in Berührung, und auch in der Häuslichkeit muß man sich erst an die farbigen Dienstboten gewöhnen. Daß das unvermeidliche Zusammenleben mit Eingeborenen und Farbigen besonders in der Kapprovinz seine starken Schattenseiten hat, wurde bereits ausgeführt. Einwanderern ist zu raten, sich den Farbigen gegenüber reserviert zu verhalten; wer im Haushalt oder beruflich mit ihnen zu tun hat, behandle sie gerecht aber auch strenge und lehne jede Vertraulichkeit ab.

Sonst wird dem zuwandernden Deutschen noch die große Neigung der Bevölkerung zur sportlichen Betätigung in den größeren Orten auffallen, und zwar sind auch die Arbeiter außerordentlich dem Sport zugetan. Kneipen (sog. Bars) gibt es ebenso wie bei uns reichlich, doch bietet der Aufenthalt in ihnen für einen Deutschen, der an sein gemütliches Bierrestaurant gewöhnt ist, wenig Anziehendes. Lichtspieltheater gibt es selbst in den kleinsten Ortschaften.

Das Leben auf dem platten Lande und auf den Farmen ist naturgemäß ein verhältnismäßig einsames und wenig abwechselungsvolles, hat aber für den, der ein freies ungebundenes Leben führen will und die Natur liebt und an seiner Arbeit Freude hat, viele Reize. Im allgemeinen führt der Farmer, wenn ihn Trockenheit und Viehkrankheiten nicht zu sehr schädigen, ein beschauliches, zufriedenes Dasein.

Man sollte nun annehmen, daß in einem so reichen und wirtschaftlich so vielseitigen Lande, wie es die Union ist, jeder Stand eine Existenzmöglichkeit finden müßte. Für einen Beruf trifft das aber jedenfalls nicht zu, nämlich für den des gewöhnlichen weißen Arbeiters, der keine besondere Fertigkeit erlernt hat. Für den ungelernten weißen Arbeiter ist tatsächlich kein Platz in Südafrika. Es ist dort natürlich ebenso wie anderswo reichlich ungeschulte und rohe Arbeit zu verrichten, doch befaßt sich mit dieser Art Arbeit der weiße Mann grundsätzlich nicht; sie ist das historisch gewordene Monopol der farbigen Rassen. Diese Tatsache erklärt sich ohne weiteres aus der überwiegenden Zahl der farbigen Rassen in Südafrika. Von diesen Farbigen ist die Mehrzahl auf Arbeit für ihren Lebensunterhalt angewiesen, und sie können diese Arbeit bei ihren geringeren Ansprüchen an die Lebenshaltung billiger verrichten als Weiße. Deshalb könnte der Weiße, selbst wenn er wollte, mit dem Farbigen gar nicht in Konkurrenz treten. Aber er will es auch gar nicht, weil er eben die ungelernte Arbeit, die nun einmal seit jeher von den Farbigen verrichtet wurde, als seiner nicht würdig betrachtet und auf keinen Fall in Reih und Glied mit Farbigen arbeiten will. So wird denn tatsächlich die gesamte rohe Arbeit, insbesondere auf den Farmen, in den Bergwerken und in den Häfen, von Eingeborenen und Farbigen verrichtet, und in der Kapprovinz wird auch ein erheblicher Teil der gelernten Arbeit von Mischlingen geleistet.

Diese Zustände haben zu schweren wirtschaftlichen und sozialen Folgeerscheinungen geführt. Vor allem ist die Entstehung einer weißen Proletarierklasse, der sog. „poor whites", darauf zurückzuführen. Diese „armen Weißen" auch „arme Blanken" oder „Beiwohner" von den Buren genannt, sind in der Hauptsache durch den Burenkrieg verarmte Buren und deren Abkömmlinge. Früher saßen diese verarmten Buren auf den Farmen der besitzenden Buren als geduldete Kostgänger. Allmählich ist jedoch ihre Zahl so groß geworden, daß ihrer auf dem Lande zu viel wurden und sie auch in die Städte abströmten. Dort bilden sie nun ein überaus lästiges Proletariat, mit dem Niemand so recht etwas anzufangen weiß. Gelernte Arbeit verstehen sie nicht, ungelernte Arbeit wollen sie nicht verrichten, weil diese eben als Sache der Farbigen und Eingeborenen gilt. Und selbst wenn sie unter Unterdrückung des Rassebewußtseins gewöhnliche Arbeit verrichten wollten, so würden sie von den Löhnen, die auf die Lebenshaltung eines Farbigen abgestellt sind, nicht leben können. Alle bislang zur Behebung des Mißstandes getroffenen Maßnahmen, wie z. B. die Ansiedlung in landwirtschaftlichen Arbeiterkolonien, sind Stückwerk geblieben, und die Lage wird von Jahr zu Jahr ernster.

Gelernte Arbeiter werden hauptsächlich in den Bergwerksbetrieben verwendet. Die Bergarbeiter sind zumeist aus den Bergwerksbezirken Englands eingewandert. Die sonst in der Industrie tätigen gelernten Arbeiter, insbesondere auch die im staatlichen oder städtischen Dienst stehenden, z. B. solche bei den Eisenbahnen, Straßenbahnen, Elektrizitätswerken, sind überwiegend Südafrikaner, d. h. in Südafrika geborene. Ebenso wie die ungelernte Arbeit Monopol der Eingeborenen und Farbigen in Südafrika ist, gilt umgekehrt die gelernte Arbeit als Vorrecht des weißen Mannes. Die Eingeborenen (Neger und Hottentotten) wären auch bei ihrer geringen Intelligenz kaum zu gelernter Arbeit erziehbar, wohl aber von den Farbigen die eine oder die andere Klasse. Tatsächlich verrichten auch in der Kapprovinz

Mischlinge und Malayen im gewissen Umfange geschulte Arbeit; im Transvaal dagegen würde jeder Versuch, Farbige zu geschulter Arbeit zu verwenden, von den weißen Arbeitern mit Gewalt verhindert werden. In dieser Hinsicht werden auch die Verbrüderungsbestrebungen der Kommunisten mit den Eingeborenen kaum Wandel schaffen.

Die Löhne, die für geschulte weiße Arbeiter, namentlich in den Bergwerksbetrieben, gezahlt werden, sind, wie schon früher bemerkt, recht auskömmlich, wenn nicht hoch zu nennen. Aber auch die den eingeborenen und farbigen Arbeitern gezahlten Löhne sind verhältnismäßig recht hohe. Trotz der zahlreichen eingeborenen Bevölkerung besteht dauernd für die Bergwerke eine starke Nachfrage nach eingeborenen Arbeitern, die die Löhne in die Höhe treibt. Hierunter leiden hauptsächlich die Farmbetriebe, die die hohen Löhne nicht aufbringen können. An sich arbeitet der Eingeborene lieber in der Landwirtschaft als in den Gruben unter Tage; aber wenn er in den Bergwerken in 1—2 Monaten mehr verdient als im ganzen Jahr auf einer Farm, zieht er schließlich doch die Bergwerksarbeit vor. Überhaupt arbeitet der Eingeborene in Südafrika im allgemeinen nur, wenn er muß, d. h. wenn er sonst keine Möglichkeit zum Sattwerden hat. Als Mittel zum sozialen Aufstieg betrachtet er die Arbeit jedoch noch nicht. Wenn er einige Monate in den Goldgruben oder Diamantminen gearbeitet hat, kehrt er in sein Dorf zurück und verzehrt seine Ersparnisse; erst dann ist er für einen neuen Arbeitskursus zu haben. Daß alle diese geschilderten Verhältnisse der wirtschaftlichen Entwicklung der Union, insbesondere dem erwarteten Aufblühen der Industrien, abträglich sein müssen, bedarf keiner näheren Erörterung.

Von sozialer Arbeiterfürsorge, wie wir sie in Deutschland kennen, ist in der Union erst wenig zu spüren. Eine Invaliditäts- oder Altersversicherung gibt es in der Union nicht. Immerhin gibt es einige gesetzliche Bestimmungen über Sicherung der Zahlung von Arbeitslöhnen, über Festsetzung von Minimallöhnen, wie sie in einzelnen Bezirken für Handlungsgehilfen, Kellner, Schneidergesellen und Buchdrucker getroffen sind, ferner über Entschädigungen für Verletzungen in gefährlichen Betrieben und über Beihilfen bei Zuziehung der stark auftretenden Schwindsucht in Bergwerksbetrieben.

Gewerkschaften (Trade Unions) nach englischem Muster haben sich für verschiedene Berufsklassen in den Industriezentren gebildet; die stärkste ist die Bergarbeiter-Gewerkschaft. Im allgemeinen ist der Achtstundentag zum Grundsatz von ihnen erhoben. Streiks sind in den Industrie- und Hafenstädten an der Tagesordnung, und auch die Farbigen und Eingeborenen bedienen sich dank der englischen Gleichberechtigungspolitik in neuerer Zeit dieses Mittels. In der Praxis ist jedoch die Regierung von diesen Eingeborenenstreiks, an denen sie selber die Schuld trägt, wenig erbaut, und sie hat sie bislang bei der Gefährlichkeit für die öffentliche Ordnung blutig niedergeschlagen.

Ein amtlicher Arbeitsnachweis für weiße Arbeiter besteht in den Städten Johannesburg, Pretoria, Kapstadt, Durban, Port Elizabeth und Bloemfontein, doch ist seine Bedeutung nur eine lokale und seine Inanspruchnahme nicht erheblich.

Die Kosten der Lebenshaltung sind in der Union naturgemäß nicht in dem Maße gestiegen wie in Deutschland und den sonstigen europäischen Staaten; immerhin ist die Erhöhung der Kleinhandelspreise, wie aus den nachstehenden Zusammenstellungen, die den Durchschnittspreis für 9 größere Städte der Union wiedergeben, keine ganz unerhebliche:

Jahr	Brot	Weizen-Mehl		Hafer-Mehl	Reis	Tee		Kaffee		Condensierte Milch	
	lb.	25 lb.		lb.	lb.	lb.		lb.		14-oz.tin.	
	d.	s.	d.	d.	d.	s.	d.	s.	d.	s.	d.
1910	2.75	4		4	3	1	10	1	3		6
1911	2.92	4	11.5	3.9	3.18	1	10.8	1	4.9		6.4
1912	2.92	5	9.25	3.9	3.18	1	10.8	1	4.9		6.5
1913	2.91	5	7.75	4.01	3.16	1	11.1	1	5.4		6.6
1914	2.95	5	11.2	4.1	2.9	2	1.8	1	5.9		6.7
1915	3.2	6	10.4	5.1	3.3	2	0.9	1	7.3		7.8
1016	3.25	7	6	5.3	3.4	2	5.2	1	9.1		9.3
1917	3.8	8	1.5	6.8	4.4	2	2.6	1	7.2		11.4
1918	3.96	8	4.5	6.36	5.16	2	2.5	1	7.3	1	1.8
1919 Jan. bis Juni	4.15	8	3.5	6.24	5.31	2	3.0	1	7.6	1	2.6

Jahr	Zucker	Syrup	Jam	Kerzen		Kartoffeln		Petroleum		Kohlen	
	lb.	lb.	lb.	lb.		12 lb.		Gal.		100 lb.	
	d.	d.	d.	s.	d.	s.	d.	s.	d.	s.	d.
1910	3	3.5	6		7		11	1	6.5	1	6.3
1911	3	3.8	6.2		7.3	1	3	1	4.4	1	6
1912	3.06	3.8	6.2		7.2	1	4	1	4.2	1	5.5
1913	2.94	3.8	6.1.		6.9	1	5.3	1	4.4	1	5.5
1914	2.8	4.1	6.3		6.2		11.5	1	4.2	1	4.7
1915	3.3	5.5	6.6		6.5	1	4.8	1	6.7	1	4.2
1916	3.5	6.1	6.3		10.3		10.8	1	9.9	1	4.8
1917	5.2	7.5	7.7		10.3	1	8.4	2	0.3	1	4.8
1918	4.2	7.8	8.5	1	1.5	1	10.4	2	5.1	1	5.9
1919 Jan. bis Juni	3.93	7.8	8.6	1	3.3	1	10.0	2	8.4	1	5.1

Jahr	Butter lb.		Käse lb.		Speck lb.		Eier doz.		Frische Milch pt.	Rind-fleisch lb.	Hammel-fleisch lb.
	s.	d.	s.	d.	s.	d.	s.	d.	d.	d.	d.
1910	1	6	1	3	1	4	1	5	3.2	7.2	6.8
1911	1	8.6	1	2.3	1	4.4	1	9.6	3	7.9	7.6
1912	1	9.2	1	3	1	4.4	1	10.4	3	8.5	8.1
1913	1	8.6	1	2.6	1	5.9	2	1.4	3	8.7	8.3
1914	1	8.3	1	2.5	1	5	2	4.1	3	7.9	7.3
1915	1	8.4	1	5.1	1	6.5	2	0.4	3.1	7.5	8.3
1916	1	11.9	1	5.9	1	8	2	6.3	3.3	8	8.4
1917	1	10.2	1	8.9	1	9	2	6	3.6	8.3	9
1918	2	0.3	1	7.1	1	10.6	2	3.3	3.4	9.3	10.3
1919 Jan. bis Juni	2	2.6	1	5.8	1	11.4	3	1.6	3.5	9.0	10.7

Diese Preise sind zum Teil noch weiter heraufgegangen. Im Juni 1920 wurden z. B. gezahlt für 1 lb. Brot 6½ d., für 25 lb. Weizenmehl 13 sh. 1½ d. und für Rindfleisch 10 d.

Nach einer amtlichen Berechnung hat die Preissteigerung der Lebensmittel im Juni 1920 im Vergleich zum Jahresdurchschnitt von 1913 94 v. H. betragen.

Die Preissteigerung hat sich auch noch in neuerer Zeit fortgesetzt. In Kapstadt wurden Ende Januar 1921 bezahlt für:

		sh.	d.
Brot	1 lb.		6
Weizenmehl	„		5
Rindfleisch	„	1	2—6
Käse	„	1	6
Butter	„	3	
Zucker	„		8
Kartoffeln	„		1½—4
Reis	„		7
Kaffee	„	1	6
Milch (frisch)	1 l		9
Petroleum	„		8
Eier	1 dtz.	3	

Auch die Wohnungsmieten sind in die Höhe gegangen. Für eine Dreizimmerwohnung in Kapstadt, für die im Jahre 1914 monatlich 3 £ gezahlt wurden, mußten August 1919 annähernd 4 £ gezahlt werden. An einigen Plätzen ist bereits Wohungsmangel eingetreten, so daß Mieteinigungsämter errichtet werden mußten.

An kleineren Orten und auf Farmen ist natürlich die Lebenshaltung billiger und ein Wohnungsmangel weniger fühlbar.

Die Gehälter und Arbeitslöhne haben nicht mit der Verteuerung Schritt gehalten. Immerhin kann man aber für die meisten Berufsklassen sagen, daß die gezahlten Löhne auch heute noch auskömmlich sind, insbesondere gilt dies für besonders geschulte Spezialarbeiter. Zur Veranschaulichung der Einkommensverhältnisse der verschiedenen Berufsklassen wird nachstehend eine Aufstellung gegeben. Wenn man dazu als Beispiel sich vor Augen hält, daß für Anfang 1921 das Existenzminimum in den größeren Städten für einen unverheirateten Handlungsgehilfen auf 10 £ und für einen unverheirateten Industriearbeiter auf 8 £ monatlich geschätzt wurde, so wird sich ein zuwandernder Arbeitnehmer ein annähernd zutreffendes Bild von seiner zukünftigen wirtschaftlichen Lage machen können:

Art der Arbeit	Löhnungs-einheiten	Arbeits-Stunden pro Woche	Kapprovinz	Natal
Ungelernte Arbeiter	Tag	48	sh 5—6/7	—
Handwerker im Durchschnitt)	Tag	44—48	sh 16—24	sh 20—21
Bäcker	Woche	50	sh 60—100	sh 70
Buchbinder	Woche	48	sh 146/3	sh 157/6
Zimmerleute	Stunde	44	sh 3/1	sh 3/9
Maurer	Stunde	44	sh 2/10 ½	sh 3/9
Farmgehilfen (von Übersee)	Monat	—	£ 4—10	—
Kesselheizer	Tag	48	sh 13/10	sh 13/10
Monteure	Stunde	44—48	sh 3	sh 3
Buchdrucker	Woche	48	sh 146/3	sh 157/6
Sattler	Woche	48—50	sh 75	sh 100
Schuhmacher	Stunde	50	11 ½ d—sh 1/6	—
Schneider	Tag	50	sh 12/6—20	sh 15—25
Handlungsgehilfen	Monat	50	—	£ 25
Hauspersonal (männliches)	Jahr	—	£ 40—120	£ 24—60
(weibliches)	Jahr	—	£ 36—72	£ 26—45
			Transvaal	**Orange-Freistaat**
Ungelernte Arbeiter	Tag	48	sh 10—17/6	sh 5
Handwerker (im Durchschnitt)	Tag	44—48	sh 28	sh 29
Bäcker	Woche	50	£ 7 sh 17/6	—
Buchbinder	Woche	48	sh 180	sh 168/9
Zimmerleute	Stunde	44	sh 4	sh 4
Maurer	Stunde	44	sh 4	sh 4
Farmgehilfen (von Übersee)	Monat	—	£ 4—11	£ 5—10

Art der Arbeit	Löhnungs-einheiten	Arbeits-stunden pro Woche	Transvaal	Orange-Freistaat
Kesselheizer	Tag	48	sh 13/10	sh 13/10
Monteure	Stunde	44—48	sh 3/6	sh 3—3½
Buchdrucker	Woche	48	sh 180	sh 168/9
Sattler	Woche	48—50	sh 150—170	sh 72—90
Schuhmacher	Stunde	50	sh 1/9—2/6	—
Schneider	Tag	50	sh 25—30	sh 18—20
Handlungsgehilfen	Monat	50	£ 25	£ 6—22,10
Hauspersonal (männliches)	Jahr	—	—	—
Hauspersonal (weibliches)	Jahr	—	—	£ 30—60

Die Zusammenstellung bezieht sich nur auf weiße Angestellte und Arbeiter, beim Hauspersonal werden außer Lohn Verpflegung und Wohnung gewährt.

Von Interesse sind auch die Lohnverhältnisse der ungelernten eingeborenen Arbeiter, sie ergeben sich aus folgender Aufstellung:

Art der Arbeit	Löhnungs-einheit	Arbeits-stunden pro Woche	Kapprovinz	Natal
Farmarbeiter an Lohn	Monat	—	sh 20—30	sh 6—30
für Wohnung und Verpflegung	Monat	—	sh 35	sh 10
Minenarbeiter an Lohn	Monat	—	sh 78/10	sh 44/10
für Wohnung und Verpflegung	Monat	—	sh 78/10	sh 44/10
Stadtarbeiter	Tag	48	sh 3—4	sh 2
Hauspersonal (männliches)	Monat	—	sh 25—60	sh 10—30
Hauspersonal (weibliches)	Monat	—	sh 20—70	sh 15—25

Art der Arbeit	Löhnungs-einheit	Arbeits-stunden pro Woche	Transvaal	Orange-Freistaat
Farmarbeiter an Lohn	Monat	—	sh 10—30	sh 15—30
für Wohnung und Verpflegung	Monat	—	sh 10—20	sh 10—25
Minenarbeiter an Lohn	„	—	sh 51/9	sh 60
für Wohnung und Verpflegung	„	—	sh 15—20	sh 15—20
Stadtarbeiter	Tag	48	sh 2—4	sh 2—3
Hauspersonal (männliches)	Monat	—	sh 70—80	sh 15—35
Hauspersonal (weibliches)	„	—	sh 40—60	sh 20—50

Außerdem erhält das Hauspersonal freie Wohnung und Verpflegung.

Es wurde bereits in dem Abschnitt über Industrie darauf hingewiesen, daß deutsche Arbeitnehmer, die nach Südafrika einwandern wollen, nicht ihre Existenzmöglichkeit in Südafrika in der Weise berechnen dürfen, daß sie die dort gezahlten Löhne in deutsches Geld nach dem jeweiligen Kurse umrechnen und sich dann einbilden, riesige Ersparnisse machen zu können. Wenn z. B. ein weißes Dienstmädchen 50 £ Jahreslohn erhält, so würden das ja nach heutigem Kurse über 10 000 M. sein. Das Mädchen kann aber mit den 50 £ in Südafrika bei weitem nicht die Anschaffungen machen, die es mit 10 000 M. in Deutschland bestreiten kann. Wenn ein erheblicher Teil des Lohnes erspart werden kann und diese Ersparnisse in Deutschland angelegt werden, würde das Exempel stimmen. Das wird aber selten der Fall sein. Die Löhne sind zwar auskömmlich und für Spezialarbeiter gut, aber die teure Lebenshaltung in Südafrika wird in den meisten Fällen große Ersparnisse kaum zulassen.

Auf die gegenwärtige schlechte Geschäftslage im Handel und in der Industrie und die starke Arbeitslosigkeit soll an dieser Stelle nochmals hingewiesen sein. Eine Besserung der Verhältnisse ist zur Zeit der Drucklegung dieser Schrift (Frühjahr 1921) zwar zu erwarten, aber zeitlich noch nicht absehbar. Jedenfalls ist für die derzeitige Lage bezeichnend, daß trotz der intensiven Krisis und der Überschwemmung mit Waren und der vorhandenen Arbeitslosigkeit fast gar keine Rückgänge in den Preisen und keine Verbilligung in den Kosten der Lebenshaltung und keine Ermäßigung in den Löhnen feststellbar ist.

An Steuern werden außer Grundsteuern, die den Provinzen und Gemeinden überlassen sind, Einkommensteuern erhoben. Es bestehen außer der sog. Normal tax, die bei Einkommen von über 300 £ im Betrage von 1 sh auf 1£ erhoben wird, noch eine sog. supertax für Einkommen von über 2500 £, dann noch eine Dividendensteuer und eine sog. Excess Profits tax, ähnlich unserer Kriegsgewinnsteuer. Im Vergleich zu dem heutigen deutschen Steuersystem sind natürlich diese Steuern außerordentlich milde.

Interessant ist es, daß die Arbeiterpartei in Südafrika im Jahre 1920 einen bodenreformerischen Antrag auf unverzügliche Einschätzung des reinen Bodenwerts ohne Gebäude und Verbesserungen zwecks Einführung einer reinen Bodenwertsteuer einbrachte, um dadurch

1. Land und seine Schätze zu erschließen, sowie Siedlungstätigkeit und Produktionserhöhung zu fördern, und

2. eine gerechtere Verteilung der Steuerlasten durch Besteuerung des von der Allgemeinheit geschaffenen Werts herbeizuführen, landwirtschaftliche und industrielle Entwicklung zu fördern, und dem Anwachsen der armen Schicht der weißen Bevölkerung Einhalt zu tun.

Der Antrag fand geteilte Aufnahme, zu einem Beschlusse kam es jedoch nicht.

An Wohlfahrtseinrichtungen besteht in der Union außer vielen privaten und kommunalen Einrichtungen eine staatliche Armenunterstützung.

Mit Kirchen ist die Union reich gesegnet. Jede kleine Burenniederlassung verfügt wenigstens über eine Kirche, oft sind es aber deren mehrere, da verschiedene Richtungen in der gleichen Konfession vertreten sind. Die meisten Anhänger zählt die holländisch-reformierte Kirche mit 54 v. H. der weißen Bevölkerung; der Kirche von England gehören 20 v. H. an, Methodisten machen 6 v. H., Presbyterianer und Römisch-Katholische je 4 v. H., Unabhängige oder Kongregationale 1 v. H. der Bevölkerung aus, außerdem ist noch eine Anzahl Lutheraner, vorwiegend Deutsche, vertreten.

Die Einrichtung und Unterhaltung der Schulen ist den Provinzen überlassen, es bestehen deshalb keine einheitlichen Bestimmungen über Lehrfächer, Qualifikation der Lehrer und dergl. Doch besteht auch auf dem Gebiete der Schule die regierungsseitig geförderte Tendenz, der englischen Sprache das Vorrecht einzuräumen. Die Güte der Schulen ist je nach Qualifikation der Lehrkräfte sehr verschieden; von Privatschulen, die auch zugelassen sind, insbesondere von den auf entfernt liegenden Farmen bestehenden Farmschulen ist naturgemäß nicht viel zu verlangen.

An Universitäten bestehen schon seit mehreren Jahrzehnten die Universität von Kapstadt als ein national englisches, und die Universität von Stellenbosch als überwiegend national burisches Institut. Zu diesen beiden ist im Jahre 1918 die „Universität von Südafrika" in Pretoria getreten, in welcher verschiedene Einzelinstitute aufgingen.

Weiter bestehen noch eine Anzahl von technischen Fortbildungsschulen, von Handelsschulen und anderen Spezialschulen.

Das Schul- und Universitätswesen in der Union kann nicht als gleichwertig dem deutschen erachtet werden, doch ist eine gute Durchschnittsbildung auch in Südafrika erwerbbar.

Als nachahmenswerte Einrichtung soll hervorgehoben werden, daß fast jede kleine Ortschaft in der Union eine gute öffentliche Lesehalle aufweist.

Zeitungen und Zeitschriften erscheinen in reicher Fülle in der Union, sowohl in englischer, wie in burischer Sprache. Die englischen Zeitungen, wie z. B. Cape Times, Cape-Argus (Kapstadt) und Star (Johannesburg) sind meist reine Jingoblätter, die Burenzeitung „Volksstem" (Pretoria) ist das offiziöse Organ der Südafrika-Partei. Die Hauptzeitung der Nationalisten ist der „Burger" (Kapstadt); die Zeitung tritt mit großem Freimut den Hetzereien gegen das Deutschtum in der Union und Südwestafrika entgegen.

11. Deutschtum.

Daß das Deutschtum einen nicht unerheblichen Anteil beim Aufbau der Burennation gehabt hat, ist bereits erwähnt worden. Doch nicht nur in dieser Hinsicht haben sich Deutsche in Südafrika betätigt; im ganzen Lande begegnet man auf Schritt und Tritt Spuren deutscher Herkunft, deutscher Arbeit und deutschen Einflusses, wenn sie auch oft schon stark verwischt sind. Durch drei Jahrhunderte hindurch hat Südafrika einen bald stärker, bald schwächer fließenden deutschen Einwandererstrom in sich aufgesogen und leider meist so gründlich, wie ein trockenes Flußbett in Südafrika das Regenwasser verschluckt. Doch haben sich immerhin erwähnenswerte Reste des Deutschtums erhalten.

Schon unter den Soldaten der ersten holländischen Niederlassung am Kap waren zahlreiche Deutsche. Dann kamen nach den Napoleonischen Kriegen eine größere Anzahl deutscher Handwerker und Bauern heraus. In späterer Zeit finden wir neben einzelnen deutschen Einwanderern, die sich über das ganze Land zerstreuten, auch geschlossene Gruppensiedlungen. So wurden in den vierziger Jahren des vorigen Jahrhunderts deutsche Siedlungen in Natal begründet, und es finden sich dort noch heute deutsche Plätze wie Neu Hannover, Kirchdorf und Neudeutschland.

Die bedeutendsten deutschen Siedlungen liegen im Hinterlande der Hafenstadt East London um den Platz King-Williamstown herum. Diese Siedlungen haben eine eigenartige Geschichte. Während des Krimkrieges hatte England deutsche Söldner angeworben, die aber keine Verwendung mehr auf dem Kriegsschauplatz fanden. Kurz entschlossen sandte man sie, da man nichts Rechtes mit ihnen anzufangen wußte, im Jahre 1857 nach Südafrika, um sie hart an der Grenze von Kaffraria, dem Gebiet der kriegerischen Kaffern, anzusiedeln. Diese Leute erwiesen sich als Siedler ungeeignet und zerstreuten sich bald in alle Winde. Als Ersatz warb nun England in Pommern und Hannover arme Landarbeiter an und setzte 1858—59 etwa 500 deutsche Familien als Siedler dort an. Unter schwerer Mühe und Arbeit haben sich diese Leute emporgearbeitet und sind heute fast durchweg wohlhabende Großbauern. Die Gesamtzahl beträgt zur Zeit gegen 10 000 Seelen. Die Ansiedlungen liegen zerstreut um mehrere Kirchplätze wie Berlin, Frankfurt, Braunschweig und Stutterheim. Anfangs hatte jeder Ansiedler 20 ha Land erhalten, jetzt haben aber die meisten etwa 50 ha unter Kultur; der Wert des Hektar beträgt 50—100 £. Angebaut werden Mais, Kaffernkorn, Hafer, Kartoffeln und Gemüse. Die Produkte werden meist in East London abgesetzt, und man kann eine ganze Anzahl stattlicher deutscher Bauernfrauen auf dem Morgenmarkte in East London hinter ihren Verkaufsständen tronen sehen. Die Weide ist gemeinsam, jeder darf 80 Schafe oder 40 Kühe halten.

Die Ansiedler haben ihr Deutschtum gut bewahrt, und deutsche Besucher werden, wie ich aus eigner Erfahrung bestätigen kann, von ihnen aufs herzlichste aufgenommen. Es waren vor dem Kriege deutsche Schulen vorhanden und auch deutsche Pastoren, und es ist zu hoffen, daß die Kolonisten auch weiter ihr Deutschtum sich bewahren werden. Soweit allerdings Kinder der Siedler in die größeren Städte abwandern, sind sie dem Deutschtum bald verloren. Ich habe solche Abkömmlinge in East London verschiedentlich angesprochen, sie verstanden zwar noch deutsch, konnten es aber nicht mehr sprechen.

Auch in der Kapprovinz, etwa 10 km von Kapstadt entfernt, in der sog. Vlakte befindet sich heute noch die geschlossene deutsche Siedlung Philippi. Es sitzen dort ungefähr 80 deutsche Familien, meist aus Hannover, Pommern, Brandenburg, Sachsen und Westfalen stammend, die dort in den Jahren 1875—77 von der Kapregierung auf einem erbärmlichen Sandboden angesiedelt wurden. Die Leute haben sich — hauptsächlich durch Gemüsebau für Kapstadt — emporgearbeitet und sind zum großen Teil zu leidlichem Wohlstande gelangt, obwohl es sich durchweg um kleine Betriebe von wenigen Hektaren handelt. Es haben auch Engländer versucht, sich in der Gegend anzusiedeln, aber meist die Arbeit nach 1—2 Jahren als zu mühselig aufgegeben. Dank der Tätigkeit eines deutschen Pfarrers und einer deutschen Schule haben die Siedler ihr Deutschtum im allgemeinen gut bewahrt.

Erwähnt sei noch, als Beispiel für die Fähigkeit der Deutschen zu kolonisieren, die deutsche Siedlung in Krondaal bei Rustenburg im Transvaal. Der Platz Krondaal in einer Größe von 4000 ha gehörte einstmals 2 Buren, die auf der Farm nicht leben und nicht sterben konnten. Sie verkauften die Farm auf Abzahlung an den deutschen Missionar Müller, der dort einen kleinen Eingeborenenstamm ansiedelte, unter der Bedingung allmählicher Abzahlung des Kaufpreises. Dies brachten aber die Eingeborenen nicht fertig, und in seiner Not sah sich der Missionar nunmehr nach deutschen Ansiedlern um, die er auch gewann. Heute sitzen auf Krondaal 16 kerndeutsche Familien, die je 20 ha bewässerbares Kulturland und den Rest als gemeinsames Weideland haben. Sie bauen hauptsächlich Tabak, haben gutes Vieh und sind meist recht wohlhabend geworden. Bezeichnend für das hohe Ansehen, das diese deutsche Kolonie im Transvaal genießt, ist die Tatsache, daß ihr Gemeindevorsteher Wenhold als Vertreter des Bezirks Rustenburg im Jahre 1914 in die große landwirtschaftliche Kommission berufen wurde, die von der Regierung zum Studium landwirtschaftlicher Verhältnisse in Europa nach dort entsandt wurde.

Zweifellos das größte Verdienst um die Erhaltung des Deutschtums haben sich in Südafrika die deutschen Kirchen und die meist mit ihnen verbundenen deutschen Schulen erworben. Die letzteren wurden im Kriege von der Regierung mit wenigen

Ausnahmen, wie Kapstadt, Wynberg-Vlakte und Pretoria, geschlossen. Es ist von der Tätigkeit des nunmehr wieder eingerichteten deutschen Generalkonsulats zu erhoffen, daß es die Wiedereröffnung möglichst vieler Schulen bei der Regierung durchsetzt. Es wäre ein trauriges Zeichen für die Unionsregierung, wenn sie auf diesem Gebiete die kleinliche Kriegspolitik noch fortsetzen würde.

Bedauerlicherweise haben die deutschen Missionsgesellschaften, von denen die hauptsächlichsten die Herrenhuter, die Berliner und die Rheinische sind, wenig oder gar nichts für die Erhaltung des Deutschtums geleistet, so groß auch ihre Verdienste um die Eingeborenenbekehrung gewesen sein mögen; und es muß gesagt werden, daß die Kinder der Missionare meist verengländert sind. Es wäre dringend zu wünschen, daß die Missionsgesellschaften für die Zukunft ihren Sendlingen auch die Erhaltung des Deutschtums in ihren Familien zur Pflicht machen würden.

Während des Krieges waren 2200 Deutsche in Südafrika bei schlechter Behandlung interniert, und auch den nichtinternierten hat man das Leben herzlich sauer gemacht. Der Premierminister Botha, der nach dem Burenkriege in Deutschland eine überaus erfolgreiche Wohltätigkeitspropaganda für seine Landsleute durchführte, hat für die Linderung der Not der Deutschen keinen Finger gerührt. Dagegen haben sich im Kriege zur Steuerung der Not zahlreiche Hilfsvereine gebildet, so in Kapstadt, Bloemfontein, Durban, Pretoria, Middelburg (Transvaal), Potchefstrom, Lichtenburg, Lydenburg, Neu Hannover, Hermannsburg, Empangweny, Kimberley, King-Williamstown, East London, Port Elizabeth, Mosselbay und Pietermaritzburg. Sie haben eine segensreiche Wirksamkeit während des Krieges entfaltet, und die Wirkung dieses Zusammenschlusses der Deutschen zum Zwecke der Hilfstätigkeit wird hoffentlich für den Zusammenhalt noch fortdauern.

Das Privateigentum der Deutschen in der Union wurde auch dort nach berühmten Mustern während des Krieges beschlagnahmt und die Mehrzahl der Deutschen damit finanziell schwer geschädigt. Während jedoch die andern feindlichen Staaten auf Grund der Ermächtigung des Friedensvertrages die Schändung des völkerrechtlich unverletzlichen Privateigentums so weit treiben wollen, daß sie sämtliches beschlagnahmte deutsche Privateigentum verwerten und für sich einziehen und die Geschädigten an das deutsche Reich verweisen wollen, hat die Union beschlossen, die Erlöse aus dem beschlagnahmten Eigentum nicht dauernd für sich zu behalten, sondern in Form einer Anleihe als verzinsliches Darlehn zu nehmen. Es erhalten demnach die geschädigten Deutschen Anleihezertifikate in Höhe des Liquidationserlöses ihres Vermögens, die sie nach Ablauf der Darlehnsfrist eingelöst bekommen oder vorher durch Beleihung oder Verpfändung verwerten können. Ein unentschuldbarer Raub bleibt auch dieses Verfahren, doch kann die Union für sich geltend machen, daß ihr Vorgehen immerhin erheblich anständiger als das der Ententestaaten ist.

Genauere Angaben über die zahlenmäßige Stärke des Deutschtums in der Union lassen sich schwer machen. Einmal besteht darüber keine Statistik, und ferner steht man der Schwierigkeit gegenüber, ob man zu den Deutschen nur die zählen will, die die deutsche Staatsangehörigkeit noch besitzen oder die in Deutschland geboren sind oder sämtliche Deutschsprachigen oder gar Deutschstämmigen. Samassa schätzt in seinem 1905 erschienenen Buche „Das neue Südafrika" die Gesamtzahl der Deutschen, die als solche noch anzusprechen sind, in der Kapkolonie auf 17 000, im Transvaal auf 12 000, im Freistaat auf 1000, in Natal auf 2500—3000, insgesamt auf 30—35 000.

Jedenfalls begegnet man überall in der Union Deutschen. Wir finden sie in den größeren Städten als Großkaufleute, ferner dort und an kleineren Orten als Handwerker, insbesondere auch als Uhrmacher, Bierbrauer, Fabrikanten, Ärzte und Zahnärzte. In der Goldstadt Johannesburg waren vor Kriegsausbruch wohl an 6—7000 Deutsche ansässig.

Eine erhebliche Veränderung in der Zahl der Deutschen in der Union ist durch den Krieg nicht eingetreten. Es sind zwar 1176 Deutsche, darunter 450 Frauen und Kinder, seit Kriegsende teils freiwillig teils unfreiwillig heimgesandt worden, doch wird eine stärkere Rückwanderung nach Deutschland bei den trostlosen Zuständen in Deutschland kaum zu erwarten sein trotz der an vielen Orten noch jetzt geübten üblen Behandlung der Deutschen.

Über das weitere Schicksal des Deutschtums in der Union wird sich zur Zeit schwerlich etwas Sicheres voraussagen lassen. Zweifellos haben die gemeinsamen Leiden im Kriege die Deutschen Südafrikas näher zusammengeführt, und der weitere Druck wird hoffentlich diesen Zusammenschluß noch fördern. Doch wird das deutsche Schulwesen schon aus Mangel an Mitteln schwerlich wieder auf die frühere Höhe zu bringen sein, selbst wenn die Regierung den Wiederaufbau nicht hindert. Die Minderung deutscher Schultätigkeit wird aber eine dauernde Schädigung des Deutschtums bedeuten. Eine stärkere deutsche Einwanderung, die in der ersten Hälfte 1914 immerhin 411 Köpfe betrug, ist, wie wir später sehen werden, für die nächste Zeit auch nicht zu erwarten. Doch braucht trotzdem die Hoffnung auf die Erhaltung und Kräftigung des Deutschtums, insbesondere im Hinblick auf den gegebenen Zusammenschluß mit den Deutschen in unserer früheren Kolonie Südwestafrika, nicht aufgegeben zu werden. Jedenfalls sind die schwersten Zeiten für die Deutschen Südafrikas als überwunden anzusehen; sie können sich im Lande wieder frei bewegen und betätigen und ihren Geschäften nachgehen.

Seit Anfang 1921 hat auch das deutsche Generalkonsulat für Südafrika seine Tätigkeit wieder aufgenommen und wird als Stützpunkt des Deutschtums wieder seine Wirksamkeit ausüben können. Das Generalkonsulat, das früher in Kapstadt seinen Sitz hatte, hat nach vorübergehender geschäftlicher Tätigkeit in Kapstadt seinen dauernden Sitz in Pretoria genommen. Konsulate außer dem Generalkonsulat kommen vorläufig nicht zur Errichtung.

12. Einwanderung und Einwanderungsbestimmungen.

Vor Kriegsausbruch stellten nächst England und seinen Besitzungen Deutschland und Rußland das Hauptkontingent der Neueinwanderer. Aus Rußland kamen polnische und russische Juden in großer Zahl, so daß in Südafrika bereits eine starke antisemitische Bewegung entstanden ist. Die deutsche Einwanderung vor dem Kriege hat etwa 700—800 Köpfe im Jahr betragen. In den Jahren 1914—1918 sind nur 3280 Engländer und 1285 Angehörige anderer Nationen zugewandert.

Seit Kriegsende sucht die Regierung die englische Einwanderung möglichst zu fördern, die von andern Nationen aber tunlichst zu erschweren. Diesem Bestreben entsprechen auch die zur Zeit geltenden Einwanderungsvorschriften.

Zunächst gelten für alle Einwanderer die Bestimmungen des Einwanderungsgesetzes vom Jahre 1913, die man wie folgt zusammenfassen kann:

1. Der Einwanderer muß genügende Subsistenzmittel nachweisen können, so daß keine Befürchtung besteht, er könne der öffentlichen Armenpflege zur Last fallen. In der Regel wird die Vorweisung von mindestens 25 £ bei der Landung verlangt.
2. Der Einwanderer muß einen guten Leumund nachweisen können, geistig gesund und frei von ansteckenden Krankheiten sein.
3. Der Einwanderer muß imstande sein, sich in einer lebenden europäischen Sprache schriftlich auszudrücken, insbesondere auch seinen Namen schreiben können.

Außer der Erfüllung vorstehender Voraussetzungen hatte die Regierung die Einreise für Nichtengländer an eine besondere Einreiseerlaubnis geknüpft. Für Deutsche war dem Minister des Innern in Pretoria die Erteilung der Einreiseerlaubnis für jeden einzelnen Fall vorbehalten worden. Diese Einreiseerlaubnis ist neu einwandernden Deutschen bisher fast ausschließlich versagt worden; Rückwanderern wurde sie ebenfalls wiederholt verweigert und grundsätzlich versagt, wenn die Rückwanderer auf Kosten der Regierung von Südafrika nach Deutschland verbracht waren. Das Erfordernis einer besonderen Einreiseerlaubnis für Nichtengländer, insbesondere auch für Deutsche, hat die Unionsregierung — anscheinend nach Verhandlungen mit dem deutschen Generalkonsulat — neuerdings fallen gelassen, hat aber das Einwanderungsverbot für deutsche Rückwanderer, die auf Kosten der Regierung von Südafrika nach Deutschland geschafft sind, ausdrücklich aufrecht erhalten.

Hiernach können formell Deutsche in Zukunft nach der Union einwandern, wenn sie den allgemeinen Voraussetzungen des Einwanderungsgesetzes von 1913 entsprechen. Es wird jedoch sehr darauf ankommen, ob die englischen Konsulate in Deutschland das für jeden deutschen Reisepaß erforderliche englische Visum anstandslos erteilen werden und wie die Bestimmungen des Einwanderungsgesetzes von den Einwanderungsbehörden gehandhabt werden. Es wird bis auf weiteres für nichtenglische Einwanderer, insbesondere für Deutsche, trotz der Erleichterungen nicht sehr aussichtsreich sein, in die Union hineingelassen zu werden. Doch sperren sich ja z. Zt. selbst im Kriege neutral gebliebene Länder gegen deutsche und überhaupt fremde Einwanderung in gleicher Weise ab. Bei diesen letzteren ist der Gesichtspunkt für die Einwanderungserlaubnis maßgebend, ob die Einwanderung der Volkswirtschaft des eignen Landes nützlich oder schädlich ist. Und dieser Gesichtspunkt wird letzten Endes im Laufe der Zeit auch in Südafrika, wo man die Güte des deutschen Siedlermaterials früher schätzen gelernt hat, entscheidend werden. Außerdem werden sich die Nationalisten, wie es deren Führer Hertzog im Parlament bereits getan hat, dafür einsetzen, daß die deutsche Einwanderung nicht lediglich wegen der Deutschenhetze der Jingos unterbunden wird. Natürlich wird auch die deutsche konsularische Vertretung einer deutschen Einwanderung weiter die Wege zu ebnen suchen, so daß mit einer Besserung der Zustände gerechnet werden darf.

13. Aussichten für deutsche Einwanderer in den verschiedenen Berufen.

Zunächst bedarf die Frage einer Erörterung, ob es unter den derzeitigen politischen Verhältnissen Deutschen — vorausgesetzt daß sie die Einwanderungserlaubnis erhalten — geraten werden kann, nach der Union einzuwandern.

Jeder Deutsche muß sich darüber klar sein, daß er bei einer Niederlassung in Orten, wo englische Bevölkerung und englischer Einfluß überwiegen, Kränkungen und wirtschaftliche Schwierigkeiten wegen seines Deutschtums zu gewärtigen hat. Aber, wie im Abschnitt über Bevölkerung hervorgehoben wurde, ist das Engländertum durchaus nicht überall in der Union vorherrschend. Im Freistaat und in den meisten ländlichen Distrikten der Kapprovinz und des Transvaals, wo die burische Bevölkerung überwiegt, wird der zuwandernde Deutsche keine feindliche oder gehässige Behandlung zu befürchten haben. Es soll damit nicht gesagt sein, daß die Buren dem neu zuwandernden Deutschen besonders entgegenkommen werden; dazu ist der Bur zu mißtrauisch gegen alles Fremde und auch zu egoistisch. Aber schon aus Haß gegen England wird der Nationalbur den Deutschen als Leidensgenossen freundlich behandeln.

Wenn demnach der Deutsche Natal und die großen rein englischen Handelszentren, wie Johannesburg, Kimberley, Port Elizabeth und East London als Orte der dauernden Niederlassung meidet, wird er im allgemeinen unbehelligt seinem Berufe nachgehen können und wird auch für sich und seine Familie die Gefahr verringern, von der fremden Nationalität aufgesogen zu werden. Unter Buren hat er das leuchtende Beispiel einer Nation, die mit außerordentlicher Zähigkeit an ihren althergebrachten Sitten und Gebräuchen und vor allem an ihrer Sprache, der Taal, festhält, ständig vor Augen und kann aus ihm lernen, was das Festhalten am eigenen Volkstum wert ist. Eine Gefahr für den Deutschen, im Burentum aufzugehen, besteht, wie die Erfahrung gelehrt hat, kaum.

Von wesentlich anderen Gesichtspunkten ist natürlich die Frage zu beurteilen, ob nach Lage der wirtschaftlichen Verhältnisse für deutsche Einwanderer günstige Aussichten in den einzelnen Berufen bestehen.

Für ungelernte deutsche Arbeiter ist, wie bereits hervorgehoben wurde, kein Platz in der Union, da die rohe und ungeschulte Arbeit das Monopol der Farbigen ist und für unabsehbare Zeit bleiben wird. Es soll damit nicht gesagt sein, daß nun fleißige deutsche ungelernte Arbeiter in der Union einfach verhungern müßten, doch muß man jedenfalls ungelernten Arbeitern dringend abraten, die Union als Zielland einer Auswanderung zu wählen. Das Gleiche gilt für männliche Dienstboten; weibliche würden leicht eine Stellung finden.

Für Bergleute und gelernte Industriearbeiter hängen die Aussichten außerordentlich von der zeitweiligen Konjunktur ab. Der Goldbergbau z. B. hat, wie erwähnt wurde, in letzter Zeit stark eingeschränkt werden müssen, braucht also sicherlich keine Bergleute. Die Industrien haben zwar vielfach einen bemerkenswerten Aufschwung genommen, doch sind Rückschläge bereits ebenso wie in andern Ländern eingetreten, und eine Beschäftigungsmöglichkeit wird von der jeweiligen Lage des Arbeitsmarktes abhängen, über den zuverlässige Nachrichten erst verhältnismäßig spät nach Deutschland gelangen. Mit Stellengesuchen wird deshalb der einzelne deutsche Industriearbeiter wenig Aussicht auf Erfolg haben. Er wird im allgemeinen abwarten müssen, bis Nachfrage nach deutschen Arbeitskräften seitens südafrikanischer Unternehmungen an Fachverbände oder Arbeitsvermittlungsstellen gelangen. Dafür, daß derartige Anforderungen, wenn sie günstig erscheinen, den interessierten

Arbeiterkreisen bekannt werden, trägt eine gemeinsame Organisation des Reichswanderungsamtes und des Reichsamtes für Arbeitsvermittelung Sorge. Nimmt die Industrie in der Union tatsächlich den Aufschwung, den weite Kreise von ihr erwarten, so werden die einzelnen Unternehmungen sich sicherlich auch nach deutschen gelernten Arbeitern, insbesondere auch nach Spezialarbeitern, Werkmeistern, Technikern und Ingenieuren der sich entwickelnden Industriezweige umsehen. So wurden z. B. schon deutsche Werkmeister für die Textilbranche im Freistaat verlangt. Im Frühjahr 1921 bestand jedoch eine starke geschäftliche Depression und große Arbeitslosigkeit.

Daß die in der Industrie gezahlten Löhne auskömmlich sind, aber auch nicht überschätzt werden dürfen, wurde im Abschnitt über soziale Verhältnisse hervorgehoben. Natürlich müssen aber Arbeitnehmer vor der Ausreise sich eine feste Stelle vertraglich sichern, sie würden auch sonst kaum ins Land gelassen werden. Dabei ist jedoch zu bemerken, daß in Europa abgeschlossene Arbeitsverträge in der Union nicht gültig sind; es ist kein Abkommen gültig, das nicht vor einer südafrikanischen Behörde beeidigt wird. Wenn Jemand sicher gehen will, müßte er schon eine Person in Südafrika zum Abschluß eines Arbeitsvertrages bevollmächtigen. Doch werden im allgemeinen schriftliche Vereinbarungen genügen, wenn man es mit einem vertrauenswürdigen Arbeitgeber zu tun hat. In dieser Hinsicht wird in Zweifelsfällen sich der Auswanderungswillige an das deutsche Generalkonsulat oder das Reichswanderungsamt um Auskunft wenden können, was auch zur Prüfung der Angemessenheit der Löhne und sonstigen Vertragsbedingungen geschehen kann. Mit der eigentlichen Stellenvermittlung können sich jedoch weder das Generalkonsulat noch das Reichswanderungsamt befassen, hierfür kommen die im Anhang unter Ib aufgeführten Stellen in Betracht.

Für stellensuchende Kaufleute sind die Aussichten in der Union, wie wohl überall in der Welt, vorläufig sehr ungünstig und werden es noch geraume Zeit bleiben. Die deutschen Handelshäuser, deren Vermögen im Kriege beschlagnahmt wurde, müssen, soweit sie nicht zusammengebrochen sind, erst wieder emporkommen, und deutsches kaufmännisches Personal ist in der Union selbst zur Deckung des Bedarfs überreichlich vorhanden. Wenn die Verhältnisse sich bessern sollten, kann eine Stellenvermittlung durch die im Anhang unter Ib aufgeführten Stellen empfohlen werden.

Für Handwerker würde sich wohl hier oder da eine Betätigungsmöglichkeit bieten, doch wird es sehr schwer sein, Niederlassungsmöglichkeiten ausfindig zu machen.

In der noch außerordentlich entwicklungsfähigen Landwirtschaft, dem verbreitetsten Berufe in der Union, würde an sich auch Raum für Deutsche sein, und die Regierung würde nach den guten Erfahrungen mit deutschen Landwirten den Zuzug solcher auch jetzt wohl nicht ungerne sehen. Doch steht bei der Siedlung, wie auf so vielen andern wirtschaftlichen Gebieten, der Stand der deutschen Valuta störend im Wege. Bei Zugrundelegung der im Abschnitt Farmwirtschaft genannten Farm- und Landpreise würde zum Erwerb eines im Betriebe befindlichen mittleren Farmunternehmens wohl weit über eine Million an deutschem Geld erforderlich sein. Aber selbst zum Erwerb einer kleinen Farm oder zur Inbetriebnahme eines Stückes Bewässerungslandes würde ein Kapital gehören, das Leute, die sich mit Auswanderungsgedanken tragen, im allgemeinen nicht haben. Zum Erwerb einer von der Regierung unter den früher aufgeführten Vorzugsbedingungen ausgebotenen Farm, zu deren Inbetriebnahme ein geringes Kapital ausreicht, würden Deutsche, so lange eine im englischen Fahrwasser schwimmende Regierung am Ruder ist, sicherlich nicht zugelassen werden. Sonach wird der Kreis deutscher Auswanderer, die sich in der Union als selbständige Landwirte niederlassen könnten, wegen der Geldfrage ein recht kleiner sein. Wer zu diesem kleinen Kreise rechnet, sollte sich aber, bevor er sich als Farmer selbständig macht, erst gründlich in die farmwirtschaftlichen Verhältnisse der Union einarbeiten. In Deutschland erworbene landwirtschaftliche Kenntnisse nützen nicht viel in der Union, können sogar schädlich sein, und je unerfahrener ein Neuling in der südafrikanischen Farmwirtschaft ist, desto mehr Lehrgeld muß er zahlen. Früher wurden über die verschiedenen Siedlungs- und Landerwerbsmöglichkeiten in der Union vom South African settlers information Committee in London E. C. 3, St. Mary Axe 54, Prospekte und Literatur auf Ansuchen versandt, doch ist es vorläufig für Deutsche zwecklos, sich dorthin zu wenden.

Wie gesagt, müssen deutsche Zuwanderer, die sich in absehbarer Zeit als Landwirte in der Union selbständig machen wollen, einen ziemlich großen Geldbeutel haben, so lange sich die Valutaverhältnisse nicht erheblich bessern. Anders würde es mit Zuwanderern sein, die gewillt wären, längere Jahre in größeren farmwirtschaftlichen Betrieben als Gehilfen tätig zu sein. Sie könnten auf diese Art nicht nur Erfahrungen, sondern auch ein kleines Kapital (in englischen Pfunden!) sammeln, das sie zu gegebener Zeit in den Stand setzen würde, eine kleine Siedlung anzufassen. Für junge tatkräftige, fleißige Deutsche, die einige landwirtschaftliche oder gärtnerische Kenntnisse haben, oder wenigstens aus ländlichen Verhältnissen stammen — vielleicht auch für jüngere ausgeschiedene Offiziere — dürften bei einer derartigen Betätigung recht günstige Aussichten bestehen. Geeignete Stellen werden zwar nicht leicht ausfindig zu machen sein, doch könnten wohl die Kolonialschulen zu Witzenhausen a. Werra und zu Hohenheim in Württemberg, die auch für Südafrika verschiedene Landwirte vorgebildet haben, Bewerbern um solche Stellen nützliche Winke geben und Beziehungen zu deutschen Landwirten in Südafrika vermitteln. Auch die Kolonialabteilung der deutschen Landwirtschaftsgesellschaft in Berlin könnte unter Umständen einen guten Rat geben.

Für die Ausübung von Berufen mit akademischer Vorbildung wäre in der Union an sich genügend Gelegenheit vorhanden, doch sind die gesetzlichen Bestimmungen für die Zulassung von Ausländern für diese Berufe so wenig entgegenkommend, daß sie für die meisten Berufe prohibitiv wirken. Von der Emigrants Information Office in London ist ein besonderes Handbuch herausgegeben, das die Bestimmungen für Zulassung von fremdländischen Architekten, Ingenieuren, Rechtsanwälten, Apothekern, Ärzten und Zahnärzten, Landmessern usw. enthält. Als allgemeine Regel kann daraus entnommen werden, daß die Ausübung der Berufe an die Ablegung englischer Examina geknüpft wird, wozu sich wohl deutsche Akademiker nur in seltenen Fällen verstehen werden.

Von sonstigen Berufen, deren Ausübung in der Union für zuwandernde Deutsche in Frage kommt, wäre wohl nur noch der des Volksschullehrers an einer deutschen Schule zu gedenken. Da immerhin eine Anzahl deutscher Schulen dauernd wieder in Wirksamkeit treten wird, so dürfte in den nächsten Jahren ein wenn auch geringer Bedarf für Volksschullehrer, namentlich jüngere, eintreten. Doch müßten sich solche vor Ausreise eine Anstellung sichern, wobei die Vermittlung des Auswärtigen Amts (Schulabteilung) in Anspruch zu nehmen wäre.

14. Ratschläge.

Zum Schlusse seien nunmehr eine Reihe von wissenswerten Einzelfragen erörtert, die für Auswanderungswillige nach der Union von besonderem Interesse sein dürften.

a) Paß-, Steuer- und Zollvorschriften in Deutschland. Die für diese Angelegenheiten in Deutschland zu beobachtenden Förmlichkeiten sind im Anhang unter Nr. II zusammengestellt, worauf verwiesen wird.

b) Einreise. Wenn auch neuerdings die Beschaffung einer besonderen Einreiseerlaubnis für Einwanderer nicht mehr vorgeschrieben ist, so muß doch jedem deutschen Auswanderer dringend abgeraten werden, auf gut Glück nach der Union auszuwandern zu versuchen. Selbst wenn er das unbedingt erforderliche Visum eines englischen Konsuls in Deutschland für seinen Paß erhalten sollte, kann er noch bei der Einwanderungskontrolle in Südafrika zurückgewiesen werden. Und selbst wenn er ungehindert ins Land gelangen sollte, so kann er dort nur auf ein Fortkommen rechnen und der Ausweisung entgehen, wenn er für längere Zeit über Mittel für seinen Unterhalt verfügt oder eine

Stelle sich gesichert hat. Eine Auswanderung nach der Union sollte deshalb ein deutscher Auswanderungswilliger nur dann durchzuführen suchen, wenn er dort Verwandte oder gute Bekannte hat, die ihn aufzunehmen bereit sind, oder wenn er eine feste Stellung sich gesichert hat oder wenn er genügend Mittel hat, sich als Landwirt oder in einem andern Beruf dort dauernd seßhaft zu machen. Zur Beschaffung des Paßvisums und Erleichterung der Zulassung bei der Landung werden Nachweise über die Sicherung des Unterhalts in der Union nicht zu entbehren sein, und in zweifelhaften Fällen wird der Besitz von 25 £ bei der Landung notwendig sein; diese Summe könnten nötigenfalls auch die Verwandten oder der zukünftige Arbeitgeber in der Union zuvor hinterlegen.

c) Reiseweg und Reisekosten. Seit dem Februar 1921 haben die im deutschen Afrika-Dienst vereinigten Reedereien Wörmann Linie, Deutsche Ostafrika Linie, Hamburg-Amerika Linie und Hamburg-Bremer Afrika Linie wieder einen regelmäßigen monatlichen Passagedienst von Hamburg aus nach Südafrika eingerichtet. Die Fahrpreise bis Kapstadt betragen in der I. Kl. 15 625 M., II. Kl. 11 700 M., III. Kl. 6 250 M. Näheres teilt die Wörmann-Linie in Hamburg, Afrikahaus, oder Berlin, Neustädtische Kirchstr. 15 auf Anfrage mit. Ferner unterhalten die Union Castle Line von Southampton aus und die Holländische Afrika Linie von Rotterdam aus einen Passagierdienst. Nähere Auskünfte über diese Linien sind bei den großen deutschen Schiffahrtsgesellschaften wie Norddeutscher Lloyd und Hamburg-Amerika Linie zu erlangen. Die Fahrpreise entsprechen bei Umrechnung der holländischen und englischen Währung in deutsche ungefähr den von der Wörmann-Linie geforderten. Für die Postdampfer der Union Castle Linie betragen sie in der ersten Kl. 66 £, in der zweiten 47 £ und in der dritten 24 £, für deren Zwischendampfer 51 £ bezw. 42 £ bezw. 19 £.

d) Mitnahme von Familienangehörigen und Umzugsgut. Ob es sich empfiehlt, etwaige Familienangehörige gleich mitzunehmen, hängt von der Lage des einzelnen Falles ab. Jedenfalls besteht auch in der Union an den größeren Plätzen Wohnungsnot. Glaubt der Auswanderer eine dauernde Lebensstellung gefunden zu haben und hat er sich eine ausreichende Wohnung gesichert, so wird sich die Mitnahme der Familie wohl empfehlen. Klimatische Bedenken dürften für die meisten Gegenden in der Union nicht obwalten. Wenn der Auswanderer es so legen kann, sollte er nicht die Monate November bis März für die Ankunft in Südafrika wählen, um nicht in die heißen Sommermonate, die für die Akklimatisierung weniger geeignet sind, zu kommen. Das Umzugsgut sollte möglichst beschränkt werden, da für umfangreiches Gepäck die Frachten für absehbare Zeit noch recht teuer bleiben werden. Dagegen sollte der Auswanderer seine sämtliche

Wäsche und Kleidung, auch Winterzeug, mitnehmen; er kann alles in Südafrika gut gebrauchen. Passagiergepäck, soweit es für den eignen Gebrauch des Einwanderers bestimmt ist, bleibt bei der Einfuhr nach der Union zollfrei mit Ausnahme von Waffen, Munition und Tabak. Für Waffen und Munition ist überdies eine besondere Einfuhrerlaubnis nötig. Mitgenommene Handelsartikel z. B. müßten verzollt werden. Die Verzollung des Gepäcks der Einwanderer wird nicht mehr so liberal gehandhabt wie früher. Kleider usw. werden nur zollfrei zugelassen, wenn die mitgebrachten Mengen sich in angemessenen Grenzen halten. Einwandernde Handwerker dürfen das notwendige Handwerkszeug zollfrei einführen. Größere Gegenstände zum Betrieb eines Handwerks, wie etwa Maschinen, müssen verzollt werden. Die geltenden Zollsätze können vom Verkehrsbüro der Handelskammer in Berlin, NW. 7, Dorotheenstraße 8, in Erfahrung gebracht werden.

e) Sprachkenntnisse. Daß Kenntnis der Sprache des Ziellandes in jedem Falle für Einwanderer vorteilhaft ist, bedarf nicht der Hervorhebung. Für die Union handelt es sich um die englische und die burische Sprache, die als gleichberechtigte Landessprachen anerkannt sind. Beide schon vor der Ausreise zu lernen, wird für die meisten Auswanderungswilligen nicht möglich und auch nicht nötig sein. Wer in den großen Handelsstädten einem Berufe nachgehen will, erwerbe englische Sprachkenntnisse; wer dort im Kaufmannsstande tätig sein will, muß unbedingt englisch lesen und schreiben können. Wer sich in kleineren Orten oder auf dem platten Lande seßhaft machen will, lerne eine der beiden Sprachen, die ihm am meisten zusagt, Wer im Farmbetriebe tätig sein will, wird schließlich auf zuvorige Erlernung der fremden Sprachen nicht gerade angewiesen sein und kann dieselben nach und nach im Lande erlernen. Für die Erlernung der englischen Sprache sind die Berlitz-Schulen sehr zu empfehlen; auch sind die Selbstunterrichtsmethoden zu schätzen. Doch bilde sich der nach diesen Methoden sprachkundig Gewordene nicht ein, daß er einen Engländer oder ihn ein Engländer nun ohne weiteres verstehen wird. Bei Erlernung der Burensprache, der Taal, darf nicht vergessen werden, daß diese Sprache mit dem holländischen nicht völlig identisch ist, doch wird sich der mit der holländischen Sprache Vertraute leicht in die Burensprache hineinfinden. Niederdeutschen, die plattdeutsch sprechen, fällt die Erlernung der Burensprache meist sehr leicht.

f) Erhaltung des Deutschtums. Wenn auch mancher Deutsche gerade wegen der ihm unerträglich dünkenden Verhältnisse in der Heimat diese verläßt, so sollte er doch sein Deutschtum im Auslande hochhalten und bewahren. Er wird damit nicht nur seinem Vaterlande, sondern vor allem sich selbst den besten Dienst erweisen. Der deutsche Einwanderer in Südafrika bilde sich nicht ein, daß er die Achtung und Zuneigung der Engländer und Buren gewinne, wenn er sein Deutschtum verleugnet und baldmöglichst abstreift. Für ein derartiges Verhalten haben diese beiden national gesinnten Völker kein Verständnis. Wer gar als Deutscher, wie es leider oft genug im Auslande vorkommt, sein eignes Vaterland und Volkstum herabsetzt und beschimpft, kann der Verachtung seiner neuen Landsleute sicher sein; Bur und Engländer gehören nicht zu den Vögeln, die das eigne Nest beschmutzen. Es wird natürlich ratsam sein, daß sich der zugewanderte Deutsche um seines Fortkommens willen in der Union nicht nur mit den Buren, sondern auch den Engländern seiner Umgebung gut stellt. Doch darf er um seiner Selbstachtung und der Achtung der Landesbewohner willen nicht den Anschein erwecken, als wolle er sein Deutschtum verleugnen. Seine Kinder dem Deutschtum zu erhalten, wird dem deutschen Zuwanderer sicherlich nicht leicht werden, insbesondere wenn eine deutsche Schule nicht zur Verfügung steht. Bei ernstem Willen wird es ihm aber auch dann möglich sein, die Kinder als Deutsche zu erziehen, vorausgesetzt, daß er eine deutsche Frau hat. Der deutsche Einwanderer schließe sich nach Möglichkeit den eingesessenen Deutschen und deutschen Vereinen an, er pflege auch die Beziehungen zu Verwandten und Bekannten in der Heimat, nehme deutsche Bücher mit und lese deutsche Zeitungen und Zeitschriften. In der Union erscheinen zwar keine deutschen Zeitungen mehr, wohl aber in unserer früheren Kolonie Südwestafrika verschiedene, von denen hier die in Windhuk erscheinenden „Allgemeine Zeitung" und „Landeszeitung" empfohlen seien. Von in Deutschland erscheinenden Zeitungen bieten z. B. die unter dem Titel „Deutsche Überseezeitung" erscheinende Wochenausgabe des Hamburger Fremdenblatts und das „Echo" dem Deutschen in der Fremde reiche Anregung.

g) Deutsche Vereine. Das deutsche Vereinsleben in der Union hat durch den Krieg schwere Einbuße erlitten. Viele Vereine, so z. B. die großen deutschen Vereine in Johannesburg und Pretoria, haben ihre Räume bald nach Kriegsausbruch geschlossen, um den feindlichen Pöbel nicht zu reizen. Manche haben auch ihre Gebäude und Grundstücke während des Krieges verkauft. Immerhin sind eine Reihe von deutschen Vereinen, hauptsächlich solche ohne eigenes ständiges Vereinslokal, wie Turn- und Gesangvereine, bestehen geblieben oder doch im Wiederentstehen begriffen. Von größeren deutschen noch bestehenden oder wiedereröffneten Vereinen sind zu nennen der in Kapstadt, Pretoria, Johannesburg, King-Williamstown und Wartburg (Natal).

h) Beschaffung neuester Information. Wie schon im Vorwort hervorgehoben wurde, sind jetzt nach dem Kriege, wie fast in allen Ländern, so auch in Südafrika die Einwanderungsbestimmungen und auch die wirtschaftlichen Verhältnisse verhältnismäßig schnellem Wechsel unterworfen. So wurde z. B. kurz vor Drucklegung dieser Schrift das Erfordernis einer besonderen Einreiseerlaubnis für Deutsche bei Einwanderung nach der Union aufgehoben. Es empfiehlt sich deshalb für Auswanderungswillige vor Ausführung von Reiseplänen nach Südafrika in zweifelhaft erscheinenden Fragen das Reichswanderungsamt um neueste Auskunft anzugehen. Es ist dies um so mehr zu raten, als erst jetzt nach Wiedererrichtung des deutschen Generalkonsulats in der Union regelmäßige zuverlässige Berichte über die dortigen Zustände und die Aussichten von Einwanderern eingehen werden.

Auch ist gerade jetzt die wirtschaftliche Zukunft Südafrikas angesichts der bestehenden geschäftlichen Krisis schlecht übersehbar, so daß für manche Entschließung die weitere Entwicklung wissenswert sein wird. Wer sich fortlaufend über die Gestaltung der Verhältnisse in Südafrika unterrichten will, bestelle das halbmonatlich erscheinende „Nachrichtenblatt des Reichswanderungsamts" bei der Post.

Der Wert der vorliegenden Schrift wird jedoch kaum dadurch beeinträchtigt werden, daß die Verhältnisse nach dieser oder jener Richtung hin Änderungen unterworfen sind. In seinen grundlegenden Darstellungen wird der Wegweiser dauernd eine zuverlässige Quelle bilden.

15. Literatur.

Deutsche Bücher und Schriften über die südafrikanische Union sind nur wenige vorhanden. Es seien hier genannt:

Moritz Schanz: Ost- und Süd-Afrika. Verlag Süsserott-Berlin 1902. (Das vorzügliche Buch ist noch heute durchaus lesenswert, jedoch für die Würdigung der heutigen politischen und wirtschaftlichen Verhältnisse nicht mehr neu genug.)

Paul Samassa: Das neue Südafrika. Verlag C. A. Schwetschke & Sohn, Berlin 1905. (Ein vorzügliches Buch, das sich hauptsächlich mit politischen, völkischen und Rassefragen beschäftigt).

Siegfried Passarge: Südafrika. Verlag Quelle & Meyer, Leipzig 1908. (Überwiegend wissenschaftlichen Inhalts).

Die englische Literatur über Südafrika ist natürlich reichhaltiger. Nachstehend werden einige wichtigere Werke und Schriften aufgeführt, die auch für das vorliegende Heft benutzt wurden:

Worsfield: The Union of South-Africa (All red series London). (Eine umfassende Darstellung).

Official Year Book of the Union of South Africa (Pretoria 1920). (Statistisches Material).

The South and East African Year Book and Guide for 1921 (London). (Inhaltlich einem Bädeckerschen Reisehandbuch entsprechend und gleichwertig).

Macdonald: Farming in South Africa (Johannesburg 1914).

Kanthack: Irrigation and Land Settlement in the Union of South Africa (London 1919).

The South African Smalholders and Fruit Growers Yearbook (Kapstadt 1920).

Von Schriften in holländischer Sprache sei erwähnt:

De Unie van Zuid-Afrika herausgegeben von der Niederländischen Vereinigung „Landverhuizing". Bezuidenhoutscheweg Nr. 30 te s Gravenhage (1919) als Wegweiser für holländische Auswanderer nach Südafrika.

C. Südwestafrika.

1. Landesbeschreibung.

Südwestafrika (unsere frühere Kolonie Deutsch-Südwestafrika) hat eine Größe von rund 83 Millionen Hektar; es ist über eineinhalbmal so groß wie das frühere Deutsche Reich und etwas mehr als halb so groß wie die Union. Im Norden bildet der Kunene den Grenzfluß gegen das portugiesische Angola, im Süden der Orange den Grenzfluß gegen die Union. Beide Flüsse sind die einzigen in Südwestafrika, die noch ständig Wasser führen.

Der Küstenstreifen in einer Breite von 50—100 km, die sog. Namib, hat keine nennenswerten Niederschläge und deshalb Wüstencharakter. Der Boden ist felsig und südlich des trockenen Swakopflußbettes, an dem Swakopmund liegt, mit gewaltigen Sanddünen bedeckt. Das Land steigt von der Küste schnell an und hat 100 km landeinwärts schon eine durchschnittliche Höhe von 1000 m über dem Meeresspiegel. Die Hauptstadt Windhuk liegt bei einer Küstenentfernung von etwa 350 km 1700 m über dem Meeresspiegel.

Das Wüstenland der Namib geht allmählich nach dem Innern zu in eine hügelige Grassteppe über, die im Norden des Landes mit geschlossenen Waldgebieten, in der Mitte mit mehr oder weniger dichtem Dornbusch und im Süden mit niedrigen Sträuchern und sog. Futterbüschen durchsetzt ist. Besonders charakteristisch für das Land sind die zahllosen ausgetrockneten Flußbetten (Riviere), die nach stärkeren Regenfällen stundenlang oder tagelang oder gelegentlich auch wochenlang fließen, oder wie man in Südwest sagt „abkommen". Für die Wasserwirtschaft sind diese Riviere von außerordentlicher Bedeutung, da die meisten durch die unterirdische Wasserführung Brunnenanlagen gestatten und viele für Dammanlagen zwecks Aufstauung des abkommenden Regenwassers geeignet sind. Von besonderer wirtschaftlicher Bedeutung sind das Omaruruřivier, das Swakoprivier und das Okahandjarivier in der Mitte des Landes und der Fischfluß, der oft monatelang Wasser führt, im südlichen Teil.

Nach der östlichen Landesgrenze zu fällt das Land wieder ab, wird auch ebener und geht allmählich in die sog. Kalahari über. Die Kalahari greift weit auf das britische Südafrika über; sie ist eine riesige ziemlich ebene Gras- und Baumsteppe ohne Riviere und sehr wasserarm. Stellenweise, z. B. im Bezirk Aroab im Südosten des Landes, ist sie mit hohen Sanddünen überlagert.

Man teilt Südwest im allgemeinen nach den Wohnsitzen ein, die die verschiedenen Eingeborenenstämme inne haben oder hatten. So bezeichnet man als Hereroland den mittleren Teil des Schutzgebiets; feste Grenzen sind jedoch mit diesem Begriff nicht verbunden. Das Hereroland stellt das beste Siedlungsgebiet dar. Den nördlichsten Teil bezeichnet man als Amboland, er ist der Sitz der verschiedenen Ovambostämme. Für die Ansiedlung von Weißen kommt dieses Gebiet nicht in Betracht, da es so stark mit Eingeborenen besiedelt ist, daß in schlechten Regenjahren regelmäßig Hungersnot ausbricht. Als Arbeiterreservoir hat es eine erhebliche Bedeutung für Südwestafrika. An das Hereroland grenzt im Süden das Bastardland, bewohnt von einer aus Buren und Hottentotten entstandenen Mischlingsrasse, und an dieses wieder das Namaland, das Stammesgebiet der verschiedenen Hottentottenstämme. Während das Bastardland noch als gutes Weidegebiet anzusprechen ist, wird das Namaland nach Süden zu immer regenärmer und wirtschaftlich minderwertiger.

Die vorstehenden kurzen Bemerkungen sollen nur zur oberflächlichen Orientierung dienen. Südwestafrika ist sowohl in Form wissenschaftlicher Bearbeitung als auch in Form von unterhaltender Lektüre so oft und so eingehend beschrieben worden, daß es sich für mich erübrigt, eine eingehendere Landesschilderung im Rahmen eines kurzgefaßten Wegweisers zu geben. Außerdem habe ich gerade für Südwestafrika die persönliche Erfahrung gemacht, daß die getreuesten Landesschilderungen doch dem Leser nicht das rechte Bild von der Wirklichkeit zu geben vermochten. Jedenfalls hat noch fast jeder Neuankömmling gemeint, er habe sich das Land ganz anders vorgestellt.

2. Geschichte und politische Lage.

Am 24. April 1884 wurde auf Fürst Bismarcks Geheiß die deutsche Flagge in Lüderitzbucht gehißt und damit die Grundlage zum Erwerb der deutschen Kolonie Südwestafrika gelegt. Mit schweren Opfern an Gut und Blut hat Deutschland seitdem aus dem trostlosen Wüsten- und Steppenland, das zuvor Niemand haben wollte, eine blühende, vielversprechende Kolonie geschaffen.

Im Frieden von Versailles wurde der Verzicht Deutschlands auf Südwestafrika und seine anderen Kolonien unter Verbreitung von Lügen über Deutschlands Verfehlungen in seiner kolonialen Verwaltung und von sonstigen fadenscheinigen und scheinheiligen Phrasen erpreßt. Das ist mit kurzen Worten die bisherige Geschichte Deutsch-Südwestafrikas!

Der Raub der Kolonie ist erfolgt nicht nur entgegen dem einmütigen Protest der deutschen Bürger Südwestafrikas, die sich dort eine neue Heimat begründet hatten, sondern auch gegen das ausdrückliche Verlangen der Eingeborenen, die schon während des Krieges das englische Regime übersatt bekommen hatten und die deutsche Herrschaft zurückwünschten. Es wird also auch in Südwest das von der Entente und in den Wilsonschen 14 Punkten so salbungsvoll verkündete Selbstbestimmungsrecht der Völker mit Füßen getreten.

Die von den Engländern in ihrer Presse und in Blaubüchern immer und immer wieder verbreitete Lüge, Deutschland habe sich auf kolonisatorischem Gebiet unfähig erwiesen und die Eingeborenen grausam und ungerecht behandelt, kann nicht besser widerlegt werden als durch das Verlangen der Eingeborenen, wieder unter deutsche Herrschaft zu kommen, und durch das Urteil des Vorkämpfers englischer Interessen, Premierministers der Union Jan Smuts, das er bei einem Besuch der Kolonie im September 1920 abgab. Smuts äußerte sich folgendermaßen:

Er sehe, daß die deutsche Bevölkerung hier sehr gut gearbeitet habe. Das deutsche Volk sei ein Volk auf einer sehr hohen Kulturstufe, das auf jedem Gebiete, sei es Industrie, Technik, oder was nur sonst, Hervorragendes geleistet habe. So hätten die Deutschen auch in ihren Kolonien Großes geleistet und bewiesen, daß sie befähigt seien, zu kolonisieren. In der Union habe man das Beispiel für die Arbeit der Deutschen in reichem Maße. Dort seien Deutsche in den vergangenen Jahrzehnten in alle Teile des Landes eingewandert. Es seien durchweg arme Leute gewesen, die sich aber durch ihren Fleiß und ihre Tüchtigkeit hochgearbeitet hätten, und heute seien manche Abkömmlinge dieser Deutschen in Südwest als Beamte tätig. Hier in Südwest hätten die Deutschen schwere Kämpfe zu bestehen gehabt, aber sie hätten das Land der Barbarei entrissen und zu einem Kulturlande gemacht. Er müsse es hoch anerkennen, daß die Deutschen dieses Land so gut entwickelt und so weit gebracht hätten.

Hiernach scheint es Smuts nicht mehr für nötig zu erachten, die frühere englische Lügenpropaganda fortzusetzen; er hat ja jetzt die Grundlage des „gerechten“ Friedens von Versailles. Aber auch die Raubbestimmungen dieses Friedens genügen ihm noch nicht.

Nach den Bestimmungen des Friedensvertrages soll nämlich Südwestafrika als Mandat des Völkerbundes verwaltet werden. Der Staat, der das Mandat erhält, soll es als Treuhänder des Völkerbundes verwalten. Die Union hat nun dieses Mandat[1]) vom Völkerbunde ohne Anhörung Deutschlands zugewiesen erhalten, und Smuts faßt es der Einfachheit halber so auf, daß Südwestafrika als von der Union annektiert und als Bestandteil der letzteren zu betrachten sei. Gegen diese Machenschaften, wie vorher gegen die Ausrottung des Deutschtums durch Landesver-

[1] Der Wortlaut der Mandatsbestimmungen ist im Anhang unter Nr. 6 wiedergegeben.

weisungen und Aufhebung der deutschen Schulen, haben die in der Kolonie verbliebenen Deutschen mutig und offen dauernd protestiert, und wir können mit Stolz feststellen, daß sie — mit Ausnahme weniger kläglicher Existenzen — ihr Deutschtum hochhalten und verteidigen trotz aller Drangsalierungen, und trotzdem das Damoklesschwert der Ausweisung ständig über ihren Häuptern schwebt. Auch die Zeitungen der Kolonie verfechten tapfer und unentwegt den deutschen Standpunkt.

Dieser einmütige Protest muß auch in Deutschland seinen Nachhall finden, auch hier darf der Ruf nach Revision des Friedensvertrages und Rückgabe unserer mit deutschem Gut und Blut hochgebrachten Kolonien nicht verstummen. Vorläufig treibt ja der Wahnsinn von Versailles noch immer geilere Blüten, und Vernunft, geschweige Rechtsgefühl, scheint noch nicht zu dämmern. Es wird sogar schwer sein, den Smuts'schen Annexionsplänen, obwohl sie in krasser Weise gegen den Friedensvertrag verstoßen, wirksam entgegenzutreten. Doch muß selbst bei unserer jetzigen Ohnmacht wenigstens die Annexion verhindert und zunächst verlangt werden, daß für Südwestafrika das im Friedensvertrage normierte Prinzip der Treuhandschaft durchgeführt wird mit dem vorläufigen Endziel der Selbstverwaltung unter Ausschluß jeglicher Annexion. Der Völkerbund hat sich vorläufig um den Protest der deutschen Regierung in dieser Frage herumgedrückt, wird aber Smuts und seinen Plänen vermutlich nichts in den Weg legen. So ist die frühere deutsche Kolonie vorläufig ein der Willkür unserer Feinde preisgegebenes Beutestück. Mit diesem Zustande müssen wir uns wohl oder übel bis auf weiteres unter dauerndem Protest abfinden.

Wir wollen nunmehr daran gehen, die gegenwärtig dort bestehenden politischen und wirtschaftlichen Verhältnisse so unbefangen als möglich zu schildern.

3. Englische Verwaltung seit der militärischen Besetzung.

Auf die politische und wirtschaftliche Entwicklung sowie auf das Verwaltungssystem der Kolonie unter deutscher Herrschaft soll hier nicht weiter eingegangen werden. Es besteht darüber eine gute und reichhaltige Literatur, auf die am Schlusse der Abhandlung über Südwestafrika verwiesen wird.

Am 9. Juli 1915 mußte die deutsche Schutztruppe in Khorab vor den Unionstruppen unter Bothas Führung kapitulieren. Die Schutztruppe hatte niemals die Aufgabe gehabt, einen Kampf mit einer auswärtigen Macht aufzunehmen, und es kann ihr gewiß kein Vorwurf daraus gemacht werden, daß sie nach manchen heldenmütigen Gefechten einzelner Abteilungen sich einer zehnfachen Übermacht ergab. Hätte das Schutzgebiet einen Lettow-Vorbeck gehabt, so wäre wohl Botha die Durchführung seiner

Operationen etwas sauerer gemacht worden, aber die schließliche Besetzung der Kolonie hätte auch er nicht verhindern können. Botha hätte gar nicht nötig gehabt, 60 000 Mann Unionstruppen gegen etwa 5000 Mann deutscher Schutztruppen (2000 Aktive, 3000 Reserven) aufzubieten, er hätte lediglich die Häfen Swakopmund und Lüderitzbucht zu blockieren brauchen, auch dann hätte spätestens Ende 1915 das Schutzgebiet wegen Nahrungsmangel seine Übergabe anbieten müssen. Fleisch wäre noch für längere Zeit vorhanden gewesen, aber jegliche andere Nahrung, die schon bei der Übergabe im Juli äußerst knapp war, wäre einschließlich der vorhandenen geringen Maisvorräte Ende 1915 sicherlich zu Ende gewesen. Botha hätte hernach seinen Heldenruhm noch billiger und bequemer ernten können.

Nach der Übergabe des Schutzgebiets richtete die Unionsregierung zunächst eine militärische, dann eine zivile Verwaltung unter Kriegsrecht ein. Die aktive Schutztruppe wurde interniert, die Zivilbevölkerung vielfach in ihrer persönlichen Freiheit beschränkt und von der überwiegenden Mehrzahl der englischen Offiziere und Beamten, unter denen einige deutscher Abstammung die schlimmsten waren, oft in kleinlicher Weise schikaniert. Die Eingeborenen wurden gegen die Deutschen planmäßig aufgehetzt und mit großen Versprechungen, die selten gehalten wurden, den englischen Interessen gefügig gemacht. Solange der Krieg in Europa noch unentschieden war, wurde alles an wertvollen Regierungsgütern und gelegentlich auch Privatgütern nach der Union abtransportiert; selbst die Brückenpfähle der Landungsbrücke in Swakopmund wurden mit vieler Mühe und großen Kosten herausgezogen und nach der Union verbracht. Als der Krieg zu Ende ging und die britische Regierung damit rechnete, daß Deutschland auf Grund der Wilsonschen 14 Punkte die Kolonie behalten würde, ging man zu einer planmäßigen brutalen Ausrottung des Deutschtums in der Kolonie über, um noch vor dem Friedensschluß die vollendete Tatsache zu schaffen, daß nur noch eine verschwindende Anzahl Deutscher in der Kolonie ansässig sei. Dieses Ziel ist in gewissem Umfange erreicht worden. Es wurden im Jahre 1919 allein 5776 deutsche Bewohner des Schutzgebiets, das ist annähernd die Hälfte, wie die Engländer sagen, „repatriiert", d. h. auf deutsch: gegen ihren Willen aus ihrer neuen Heimat zwangsweise abtransportiert. Daß diese Ausweisungen in der rücksichtslosesten Weise durch Festsetzung von Abreisefristen von wenigen Tagen, ja oft Stunden und unter schwerer wirtschaftlicher Schädigung der Betroffenen durchgeführt wurden, und daß vorzugsweise Männer, die für ihr Deutschtum ungescheut aufgetreten waren, darunter auch Pastoren und Missionare, von der Ausweisung betroffen wurden, sei nur beiläufig erwähnt. Irgend ein Rechtsmittel gab es gegen die Ausweisungen nicht. Um auch die deutschen Schulen auszurotten, setzte man auch den deutschen Lehrer auf die Ausweisungsliste und hob im Anschluß daran die deutschen Staatsschulen sämtlich auf. Die deutschen Kommunalverwaltungen wurden ebenfalls beseitigt, als deren Vertreter es gewagt hatten, für den Verbleib der Kolonie beim Deutschen Reich einzutreten. Diese kurzen Tatbestände mögen zur Charakterisierung der Verwaltungstätigkeit von Botha, Smuts und dem für Südwestafrika bestellten Administrator Gorges genügen. Die höheren Weisungen mögen ja auch vielfach von London aus ergangen sein, und es soll keineswegs für jeden einzelnen Fall den mit der Ausführung der Maßnahmen betrauten Beamten der Vorwurf persönlicher Roheit gemacht werden.

Eine Besserung der Verhältnisse für die Deutschen hat der offizielle Friedensschluß kaum gebracht. Die deutschen staatlichen Schulen bleiben trotz aller Proteste aufgelöst; nur die Weiterführung von Privatschulen auf eigene Kosten ist gestattet worden.

Auch die Bemühungen der Deutschen, die deutsche Sprache als Amtssprache wenigstens neben der englischen und burischen bestehen zu lassen, waren ohne Erfolg. Die deutsche Landbank, mit deren Existenz das Schicksal vieler Farmer verknüpft ist, wurde aufgehoben. Die Ausweisungen gingen auch im Jahre 1920, wenn auch nicht mehr in dem früheren Umfange, weiter, und auch jetzt noch, selbst nach Aufhebung des Kriegsrechtes, ist der Administrator befugt, Jedermann, der ihm aus irgend einem Grunde nicht genehm ist, auszuweisen, ohne daß dagegen ein Rechtsmittel gegeben wäre.

Als erfreulichere Tatsachen sind aus neuerer Zeit nur zu vermelden, daß der Administrator Gorges Ende 1920 durch einen Nachfolger namens Hofmeyr ersetzt wurde, dessen Vorfahren aus Deutschland stammten und von dem man eine gerechtere Behandlung der Deutschen erwartet. Auch scheint man in neuerer Zeit deutschen Rückwanderern und Einwanderern nicht mehr so unüberwindliche Schwierigkeiten für die Einreise in die Kolonie in den Weg legen zu wollen. Schließlich sei noch erwähnt, daß das Kriegsrecht Anfang 1921 formell für die Kolonie aufgehoben wurde.

Das derzeitige Regierungssystem in der Kolonie ist ein Protektorat, wie die Engländer es nennen. Die Regierungsform dieses Protektorats ist außerordentlich einfach. Der Administrator für seine Person hat die alleinige gesetzgebende Gewalt und die alleinige Führung der Regierungsgeschäfte. Er ist an gewisse Direktiven der Unionsregierung gebunden und dieser auch rechenschaftspflichtig; nach Außen hin hat er jedoch unumschränkte Gewalt. Seit Mitte Januar 1921 besteht ein Gouvernementsbeirat, dessen Mitglieder vom Administrator ernannt werden. Der Beirat besteht aus 6 Mitgliedern, die folgenden Berufsständen entnommen sein sollen: Farmer, Kaufleute, Minen-Interessenten,

Arbeitnehmer, dazu ein Vertreter der Eingeborenen-Interessen. Der Beirat hat lediglich beratende Stimme und nur in solchen Sachen, in denen der Administrator seinen Rat erbittet. Für den ersten Beirat wurden ernannt: Peter Müller-Windhuk, R. H. A. Schneider-Okosomingo, Dr. Reuning-Swakopmund, Andres de Wet-Rietfontein, Major C. M. Manning, A. P. Olivier. Die ersten drei sind angesehene Deutsche, die letzten beiden Engländer. Der Bur Andres de Wet ist ein politisches Chamäleon, aber immer von der Farbe, die ihm persönlich gerade am vorteilhaftesten ist.

Amtssprachen sind, wie bereits hervorgehoben, englisch und burisch. Man hat es nicht für nötig gehalten, der deutschen Sprache irgend eine Berechtigung einzuräumen; es wird also nicht nur das Selbstbestimmungsrecht der Deutschen dort mit Füßen getreten, sondern man verweigert der Volksmehrheit ein Recht, das man in mehrsprachigen Staaten einer Volksminderheit einzuräumen moralisch verpflichtet ist.

Das gleiche schreiende Unrecht besteht in der Schulfrage. Die Regierung unterhält nur Schulen, in denen Englisch und Burisch die Unterrichtssprache bilden, so daß es den Deutschen bei Benutzung dieser Schulen unmöglich wäre, für ihre Kinder die deutsche Muttersprache weiter zu pflegen. Einmütig haben deshalb die Deutschen unter Geldopfern, die ihnen sicherlich schwer fallen, fast überall, wo bislang deutsche Regierungsschulen bestanden, deutsche Schulvereine ins Leben gerufen und führen die deutschen Schulen als Privatschulen fort, eine Leistung, die im Interesse des Deutschtums nicht hoch genug bewertet werden kann.

An Stelle der deutschen Bezirks- und Distriktsämter hat die Unionsregierung 18 Magistrate gesetzt, die sowohl die Verwaltung als auch die niedere Gerichtsbarkeit ausüben. Es ist zu hoffen, daß diese Beamten mit Amtsantritt des neuen Administrators die von einigen von ihnen geübte recht gehässige Behandlung der Deutschen aufgeben und statt dessen eine straffere Eingeborenen-Politik verfolgen werden.

Bis vor kurzem wurde nur Strafrechtspflege geübt, für geringere Strafsachen von den Magistraten, für schwerere Fälle von besonderen an verschiedenen Orten tagenden Richterkollegien. Der nach englischem Muster geführte Strafprozeß ist ein außerordentlich rückständiges, an strenge Förmlichkeiten gebundenes Verfahren, das leicht zu Fehlsprüchen führt. Die Erledigung von Zivilprozessen ist erst in neuerer Zeit aufgenommen; auch hier wird das vorsintflutliche römisch-holländische Recht der Union zur Anwendung gebracht. Die freiwillige Gerichtsbarkeit liegt völlig im Argen, insbesondere das Grundbuchwesen. Für die während des Krieges unerledigt gebliebenen Grundbuchsachen wird zur Aufarbeitung schätzungsweise ein Zeitraum von 5—15 Jahren erforderlich sein. Seit etwa einem

Jahr ist auch als höhere Instanz ein Obergericht in Windhuk eingesetzt worden. Wie die deutschen Bewohner über die Gerichtsbarkeit des Protektorats urteilen, mag aus einem Privatbriefe, dem die nachstehende Stelle entnommen wurde, ersehen werden:

„Da unsern Beherrschern ein Unterschied zwischen Verwaltung und Justiz nicht bekannt zu sein scheint, wird die Gerichtsbarkeit durch die Magistrate ausgeübt. Das Verfahren ist hanebüchen und enorm teuer. Jede Klage muß durch den Gerichtsvollzieher des betreffenden Gerichtsbezirkes persönlich zugestellt werden, der außer seinen Auslagen für Bahn 3 Schillinge pro Stunde bekommt, wobei auf Reisen auf die Farmen 6 Miles als 1 Stunde gelten. Da kostete zum Beispiel eine Zustellung im Bezirk Grootfontein auf eine Farm bei Otavi über 5 Pfund Sterling.

In einem bei dem Obergericht anhängigen Prozeß soll eine Entscheidung im März ergehen. Die Kosten werden bisher auf 2000 Pfund Sterling geschätzt. Die Führung eines Prozesses beim Obergericht ist also stets der Ruin für die verlierende Partei."

Das Alles sind Segnungen einer „höheren" Kultur!

Für Maß und Gewicht bringt die Protektoratsregierung natürlich auch die südafrikanischen Einheiten, also das englische System, zur Anwendung, bedient sich aber gelegentlich aus Zweckmäßigkeitsgründen auch deutschen Maßes; z. B. werden beim Landverkauf die Farmen nach Hektargröße ausgeboten. Im Privatverkehr unter Deutschen wird sich jedoch das deutsche System sicherlich nicht so leicht verdrängen lassen.

Die Währung war während der Kriegsjahre eine zweifache, englisches Geld und daneben deutsches Papiergeld zum jeweiligen Kurse. Da das deutsche Geld im Weltverkehr immer mehr entwertet wurde und nur noch eine geringfügige Kaufkraft hatte, ist es in Südwestafrika fast ganz außer Umlauf gekommen, und das englische Münzsystem kann als herrschend bezeichnet werden; es ist auch neuerdings von der Regierung zum gesetzlichen Zahlungsmittel durch Verordnung erklärt worden. Große Schwierigkeiten macht die Regelung der früher in deutscher Reichswährung eingegangenen Verbindlichkeiten. Man hat nach jahrelangen Erwägungen und Verhandlungen diese Frage durch Verordnung dahin entschieden, daß vor dem 9. Juli 1915 in deutscher Währung gemachte Schulden (sog. Vorbesetzungsschulden) zum Satze von 1 Pfund Unionswährung gleich 20 M. zurückzuzahlen sind. Doch kann der Schuldner ein Moratorium bis zu 5 Jahren beanspruchen. Die nach dem 9. Juli gemachten Schulden (sog. Nachbesetzungsschulden) sind in der Währung zurückzuzahlen, in der sie eingegangen sind. In Streitfällen sowohl bezüglich der Vor- wie Nachbesetzungsschulden entscheidet ein Schiedsgericht, der Rechtsweg ist ausgeschlossen.

Hinsichtlich Maß und Gewicht sowie Währung in der Union wird auf die Zusammenstellung auf S. 17 verwiesen.

4. Bevölkerung.

Die Bevölkerung Südwestafrikas setzt sich ebenso wie die der Union aus Weißen und Farbigen zusammen.

Die weiße Bevölkerung betrug bei Kriegsausbruch etwa 15 000, darunter ungefähr 2000 Schutztruppenangehörige. Von der Gesamtzahl waren etwa 2000 nicht-deutschen Stammes, hauptsächlich Buren. Wenn man ferner berücksichtigt, daß etwa 6000 Deutsche nach dem Kriege zwangsweise abgeschoben wurden und eine erhebliche Zahl im Jahre 1918 der spanischen Grippe erlag, so wird man die heutige deutsche Bevölkerung noch auf 6000 bis 7000 Seelen schätzen können.

Über die Zahl der aus der Union eingewanderten englischen Staatsangehörigen liegen keine Unterlagen vor, doch wird man sie einschließlich der Beamten und Polizei wohl auf 2000—3000 schätzen können. Natürlich versucht die Unionsregierung das englische Element dauernd zu verstärken, insbesondere sucht sie ausgediente englische Soldaten anzusiedeln und als Arbeiter unterzubringen, während sie deutsche Einwanderer und Rückwanderer bislang grundsätzlich fernhielt. Von der Durchführung der Einwanderungspolitik wird das weitere Schicksal des Deutschtums in Zukunft in erster Linie abhängen. Ob der englische Haß nach dieser Richtung sich noch weiter auswirken oder einer vernünftigen Politik Platz machen wird, bleibt abzuwarten. Immerhin dürfte die Stellungnahme der Nationalisten in der Union in diesen Fragen auf die Dauer nicht ohne Einfluß bleiben. Die Nationalisten, die sich grundsätzlich gegen die Annexion der deutschen Kolonie, als gegen einen Raub, ausgesprochen haben, werden wenigstens den gröbsten Auswüchsen bei Unterdrückung des Deutschtums entgegentreten. Von der weißen Bevölkerung lebt die Mehrzahl auf dem platten Lande; immerhin hatten aber auch einige Städte bereits eine stärkere weiße Einwohnerzahl aufzuweisen, so im Jahre 1917 Windhuk 2050, Keetmanshoop 900, Lüderitzbucht 750 und Swakopmund 650.

Die farbige Bevölkerung kann man auf etwa 80 000, ohne die Ovambos, schätzen, darunter etwa 20—30 000 Hereros, 20 000 Damaras oder Klippkaffern, etwa 15 000 Hottentotten, etwa 3500 Bastards, etwa 9000 Buschmänner und etwa 500 Betschuanen. Hereros, Ovambos und Betschuanen gehören dem Bantunegerstamme an, Damaras sind eine schwarze besondere Ureinwohnerrasse, Hottentotten und Buschleute sind von gelblicher Hautfarbe und zeichnen sich durch ihre seltsame mit Schnalzlauten versetzte Sprache aus. Alle, mit Ausnahme der Ovambos, haben die Eigenschaft, daß sie sich körperlicher Arbeit sehr ungern unterziehen. Was die Zahl der weißen und farbigen Bevölkerung angeht, so macht sich in Südwestafrika dasselbe Mißverhältnis geltend wie in der Union, und die daraus resultierenden Gefahren sind auch

Eingeborenen-Reservate.

Bezirk	Name des Reservats	Ausdehnung Acres	Name des Stammes	Zahl der Personen	Zahl des Großviehs	Zahl des Kleinviehs
Warmbad . . .	Bondels . . .	432,250	Bondelswarts Hottentotten	533	451	7,236
Keetmanshoop .	Berseba . .	2,471,000	Hottentotten	2,000	2,928	37,000
	Witbooisende	296,520	Damaras . . . Hereros . . . Hottentotten	350	649	12,187
Bethanien . . .	Soromas . .	24,710	Hottentotten	60	49	886
	Naunab . .			21	—	—
	Arogas . . .			36	14	717
Maltahöhe . . .	Neuhof . . .	24,710	Hereros . . . Klipp-Kaffern Hottentotten	23	12	1,200
Gibeon	Freistadt . .	11,962	Hottentotten Hereros . . .	300	200	8,000
	Witbooisvlei	49,420				
Grootfontein . .	Ovisume . .	11,477	Hereros . . .	70	400	700
Outjo	Zesfontein .	123,550	Hottentotten	200	190	2,500
	Fransfontein	247,100	Hottentotten	300	150	1,500
	Otjeru	24,710	Ovambos . .	310	1,200	3,000
Omaruru	Okombahe .	123,550	Berg Damaras	1,082	1,700	10,000
	Otjohorongo	61,775	Hereros . . .	390	325	9,000
Karibib	Audawib Ost	34,490	Hereros . . .	30	3	342
	Neubrun . .	33,358	Klipp-Kaffern	300	232	2,227
	Otjimbingue	32,123	Klipp-Kaffern	450	274	2,418
Okahandja . . .	Ovitoto . . .	37,065	Hereros . . . Damaras . .	400	600	500
Gobabis	Epukiro . . .	74,130	Betschuanen	173	500	400
	Aminuis . .	74,130	Betschuanen	216	350	950
	Uichanas . .	12,355	Betschuanen	120	300	600
	Guinichas .	12,355	Hereros . . .	100	230	800
Windhuk	Orumbo . .	37,065	Hereros . . .	821	3,545	6,250
	Okatumba .					
	Aukeigas . .	11,067	Damaras . . .	100	1,500	2,000
	Fürstenwalde	15,616				

für Südwestafrika nicht zu unterschätzen trotz der Niederschlagung des Herero- und Hottentottenaufstandes im Jahre 1904. Immerhin sind aber Hottentotten und Buschmänner eine aussterbende Volksrasse und die Damara wenig kriegerisch veranlagt, so daß bei einem einigermaßen günstigen Anwachsen der weißen Bevölkerung eine so drohende schwarze Gefahr wie in der Union vorläufig nicht besteht. Allerdings hat die englische Verwaltung bislang durch eine verkehrte Eingeborenenpolitik die

Demoralisation unter den Eingeborenen künstlich gefördert und muß sich die Folgen zuschreiben. Eine gewisse Einsicht scheint schon Platz zu greifen, da nach neueren Nachrichten die Regierung das Institut der Friedensrichter für Verfehlungen der Eingeborenen einzuführen gedenkt. Das Friedensrichteramt, in die richtigen deutschen Hände gelegt, könnte manches wieder bessern, insbesondere den Viehdiebstählen, die immer mehr überhand nehmen, wirksam steuern. Das Paßwesen für Eingeborene und das Verbot der Abgabe von Alkohol an diese ist von der Protektoratsregierung entsprechend den deutschen Bestimmungen übernommen worden.

Die Eingeborenen leben zum Teil in den größeren Ortschaften auf besonderen Eingeborenenwerften, zum Teil auf den Farmen ihrer Dienstherren, zum Teil auch in sog. Eingeborenenreservaten. Dies sind entweder größere Ländergebiete, wie das Bondelsreservat im Süden, das Bergdamarareservat bei Okombahe im Bezirk Omaruru und das Hottentottenreservat in Berseba, oder es sind größere Farmplätze. Die Zahl der Reservate, deren Vermehrung die deutsche Regierung scheute, weil sie vielfach als Zufluchtsstätte für arbeitsscheues Gesindel und Viehdiebe ausgenutzt wurden, ist von Engländern erheblich vermehrt worden. Über die jetzigen Reservatsplätze, deren Größe, Bewohnerzahl und Viehbestand gibt die auf Seite 86 gegebene Aufstellung aus englischer Quelle Aufschluß.

In dieser Aufstellung ist das Mischlingsvolk der Bastards nicht mit aufgeführt; sie bewohnen als tatsächlichen Reservatbesitz das Land um Rehoboth herum. Die Ovambos haben als tatsächlichen Reservatsbesitz das Gebiet zwischen Etoscha-Pfanne und Kunene im Norden inne. Das Land ist von ihnen, soweit es besiedlungsfähig, dicht bevölkert; für weiße Ansiedler wäre dort kein Platz.

5. Landwirtschaft.

Südwestafrika ist geographisch und wirtschaftlich ein Teil Südafrikas (im geographischen Sinne). Es kann daher nicht Wunder nehmen, daß wir in Südwestafrika die gleichen oder doch ähnliche klimatische und wirtschaftliche Verhältnisse vorfinden, wie wir sie bereits für die Union kennen gelernt haben. Südwestafrika ist noch trockener und leidet noch mehr unter ungünstigen Niederschlagsverhältnissen als die meisten Teile der Union. Der Küstenstreifen in einer Breite von 200 km von der See bietet wegen des Fehlens von Niederschlägen überhaupt keine Siedlungsmöglichkeiten. Der dann beginnende Steppencharakter des Landes bietet ebenso wie in der Union je nach der Menge des Regenfalls bessere oder schlechtere Weideflächen und stellenweise bei besonders günstigen Regenverhältnissen auch Ackerbaumöglichkeiten. Die unzähligen ausgetrockneten Flußbetten, in denen das Regenwasser abläuft und mehr oder weniger schnell versickert, sind für Südwestafrika noch charakteristischer als für die Union. Ebenso wie dort bestehen auch in Südwestafrika unbegrenzte Möglichkeiten für künstliche Bewässerung durch Dammbauten und Wassererschließungen anderer Art, und die Farmwirtschaft bildet noch mehr als in der Union das Rückgrat der gesamten Wirtschaft in Südwestafrika.

Von den unter sich sehr verschiedenen Landesteilen bietet wohl der im Norden des Landes gelegene Bezirk Grootfontein die besten wirtschaftlichen Aussichten. Er weist neben gutem Weideland reichlich Ackerland auf, und der Regenfall reicht im allgemeinen zur Erzielung einer Ernte aus, doch sind Fehljahre keine Seltenheit. Angebaut wird hauptsächlich Mais. Die andern beiden Bezirke des Nordens Outjo und Waterberg weisen gutes Weideland auf, bieten auch stellenweise Ackerbaumöglichkeiten; doch ist der Regenfall im Bezirk Waterberg schon erheblich geringer als im Bezirk Grootfontein, und der Regenfall im Bezirk Outjo steht wieder hinter dem Waterberger erheblich zurück. Von den Bezirken des mittleren Landesteils kann man den Bezirk Okahandja als für Rinderzucht vorzüglich geeignet bezeichnen; er bietet auch Ackerbaumöglichkeiten..

Der Bezirk Windhuk ist für Groß- wie Kleinviehzucht geeignet, der Bezirk Rehoboth ebenfalls für Groß- und Kleinviehzucht, insbesondere auch für Pferdezucht, geeignet. Im Bezirk Karibib ist meist wegen ungenügender Regenfälle die Weide knapp, sonst ist auch dieser Bezirk für alles Vieh geeignet. Gobabis, der am weitesten östlich belegene Bezirk in der Mitte, hat einen guten Durchschnittsregenfall und ist infolge seines ebenen Geländes außer zur Viehweide auch zum Ackerbau gut geeignet; gerade diesem Bezirke wird, wenn er durch eine Eisenbahn erschlossen wird, wohl noch ein größerer Aufschwung bevorstehen. Die südlichen Bezirke Gibeon, Keetmanshoop, Maltahöhe, Bethanien, Aroab und Warmbad haben weit ungünstigere Regenverhältnisse als der Norden und die Mitte des Landes. Von Ackerbau auf Regenfall kann dort kaum noch die Rede sein, auch ist die Weide für Großvieh meist zu arm und knapp. Doch ist das Land für Kleinvieh, insbesondere Wollschafe, vorzüglich geeignet und in Ansehung von Seuchen und Viehkrankheiten im allgemeinen auch gesünder als die nördlicheren Bezirke. Zur Ernährung des Viehs sind die Farmen im Süden weit größer bemessen als im Norden und in der Mitte, doch kann es vorkommen, daß in trockenen Jahren auch die großen Farmen zur Ernährung nicht ausreichen und zahlreiches Kleinvieh verhungert oder geschlachtet werden muß.

Man kann sich ungefähr ein Bild von der Güte des Weidefeldes und auch von der Möglichkeit des Ackerbaus machen, wenn man die durchschnittlichen Niederschlagsmengen der verschiedenen Landesteile miteinander vergleicht. Es wird deshalb nachstehend eine amtliche deutsche Tabelle über den Niederschlag an verschiedenen Beobachtungsorten für 5 Jahre gegeben:

Ort	Meereshöhe in Metern	Niederschlag in Millimetern						
		Jahres-Mittel	06/07	07/08	08/09	09/10	10/11	11/12
südlicher Teil:								
Warmbad	720	82	138,9	8,9	71,2	50,7	104,7	86,3
Keetmanshoop	1028	120	113,3	22,8	126,3	142,1	125,6	100,8
Gibeon	1171	147	194,7	125,4	182,2	107,5	78,8	153,9
Maltahöhe	1400	144	231,4	64,3	306,9	134,9	88,4	145,4
mittlerer Teil:								
Rehoboth	1460	264	209,1	?	343,4	257,3	105,9	261,6
Windhuk	1657	388	348,3	330,1	756,7	388,1	187,2	528,7
Hatsamas	1520	351	408,1	313,8	575,6	242,5	116,8	379,3
Gobabis	1417	430	506,4	261	656,3	621,3	265,8	470,7
nördlicher Teil:								
Outjo	1250	394	388,8	254,3	662,2	463,3	136,2	462,9
Waterberg	1300	530	615,2	400	921,2	731,6	184,6	1055,6
Grootfontein	1530	608	799,3	511,3	964,3	751,7	220,2	731,1

Die Tabelle läßt auch außerdem erkennen, welche Regenjahre gut und welche schlecht für das ganze Land oder die einzelnen Landesteile waren. Die neueren von der Protektoratsregierung bekannt gegebenen Regenmeßtabellen sind sehr lückenhaft; die nachstehende von ihr herausgegebene, soweit sie die Jahresdurchschnitte von 1898—1908 und von 1969—1918 widergibt, muß deshalb mit einiger Vorsicht gewürdigt werden. Die Messungen sind in englischen Zöllen ausgedrückt; 1 Zoll (inch) ist gleich 25,4 mm.

Ort	Jahres-Mittel 1898—1908	Jahres-Mittel 1909—1918
Outjo	13″	12½″
Grootfontein	22″	15″
Omaruru	15″	13″
Okahandja	15″	14″
Gobabis	16″	12″
Windhuk	13½″	12½″
Rehoboth	9½″	7½″
Maltahöhe	6″	6″
Gibeon	6¼″	6½″

Während der Ackerbau in Südwest noch in den Kinderschuhen steckt und der Anbau von Obst sich erst im Versuchsstadium befindet, ist die Viehzucht auf den Farmen seit der deutschen Besiedlung recht gut vorwärts gegangen.

An erster Stelle steht die Rindviehzucht. Schon die Hereros besaßen große Rinderherden vor der deutschen Besitzergreifung, die jedoch durch die Rinderpest und den Hereroaufstand stark dezimiert wurden. Gezüchtet wurde von den Hereros das sog. Damararind, daneben war im Lande auch einiges sog. Afrikanervieh, wie es in der Union gezüchtet wurde, vorhanden. Diese Schläge hat der deutsche Farmer aufgekreuzt, und zwar mit den verschiedensten deutschen Rassen, wie z. B. Simmenthaler, Pinsgauer, Ostfriesen, Harzer Rotvieh usw. Eine einheitliche Zuchtrichtung hat sich noch nicht herausgebildet, ist vielleicht auch wegen des verschiedenartigen Weidefeldes nicht durchführbar. So sehen die Rinderherden auf den Farmen zumeist noch recht unausgeglichen und bunt aus, doch haben einzelne Farmer Vorzügliches geleistet und auch gute Halbbluttiere zur Abgabe an andere Farmer für die Zucht gezogen. Im allgemeinen geht das Zuchtziel auf ein gutes Schlachtrind, daneben noch auf gute, kräftige Zugochsen (Trekkochsen). Auf Milcherzeugung wird von den Farmern weniger Wert gelegt, da bei dem trockenen Weidefeld während der Wintermonate die Kühe durchweg sehr wenig Milch geben und Stallfütterung vorläufig nur für hochwertige Zuchttiere in Frage kommt. Während der Regenmonate geben die Kühe zwar reichlich Milch, doch ist dann die Butter so billig, daß die Milchwirtschaft wenig abwirft. Immerhin haben jedoch viele Farmer es verstanden, auch aus der Milchwirtschaft eine lohnende Einnahmequelle zu machen. Auch genossenschaftliche Zusammenschlüsse zu Molkereibetrieben sind erfolgt, und es dürfte der Milchwirtschaft noch eine aussichtsreiche Zukunft bevorstehen, insbesondere wenn es gelingen sollte, eine gute ausgeglichene Qualitätsbutter als Ausfuhrartikel auf den Weltmarkt zu bringen.

Mit der Ausfuhr von Fleisch hatte man schon vor dem Kriege bescheidene Anläufe genommen. Um große Mengen handelt es sich noch nicht; immerhin ist die Lage schon so, daß das erzeugte Rindfleisch in Südwest selbst nicht mehr verzehrt werden kann und der Farmer sich nach auswärtigen Absatzgebieten umsehen muß. Als solche kommen zunächst die Unionsstaaten in erster Linie in Betracht, insbesondere die Minenzentren, wohin auch eine lebhafte Ausfuhr zeitweise bereits stattgefunden hat.

Für Rinderzucht sind der Norden und die Mitte des Landes vorzugsweise geeignet, der Süden ist an sich auch nicht ungeeignet, aber im allgemeinen zu weidearm. An Krankheiten tritt die bei den Ausführungen über die Rinderzucht in der Union erwähnte Lamsikte sehr stark auf, auch ist der Milzbrand nicht unbekannt; doch ist Südwest bislang von Ostküstenfieber verschont geblieben. Der Bestand an Rindern in der Kolonie im Jahre 1913 betrug 205 643 Stück, neuere Zahlen liegen nicht vor. Der Nachwuchs seitdem ist natürlich nicht unbeträchtlich, doch sind auch während des Krieges große Mengen an Vieh von den englischen Truppen und Eingeborenen gestohlen worden.

In der Kleinviehzucht hatte natürlich die Kolonie versucht, den großen Erfolgen der Union auf dem Gebiete der Wollschafzucht nachzueifern. Von einzelnen Farmern ist auch bereits auf diesem Gebiete Gutes geleistet worden. Die Versuche, das vorhandene südafrikanische Fettschwanzschaf mit guten Merinoböcken allmählich aufzukreuzen, waren nicht sehr erfolgreich, man verspricht sich mehr von reiner Wollschafzucht. Für Wollschafzucht ist der Süden des Landes mit seinen Futterbüschen vorzugsweise geeignet, die Mitte und der Norden sind weniger geeignet, insbesondere wegen der vielen Dornbüsche, die die Wolle beschädigen. An Merinowollschafen waren 53 691 Stück im Jahre 1913 vorhanden, deren Wolle zwar gut bewertet wurde, aber natürlich für den Weltmarkt noch keine Rolle spielte. Ein typisches Wollschaf-Zuchtland, wie etwa der Orange-Freistaat, wird Südwest nicht werden, doch hat die Wollschafzucht auch dort sicher noch eine gute Zukunft.

An gewöhnlichen Schafen, sog. Fettschwanzschafen, die ein gutes Schlachttier abgeben, aber keine Wolle tragen, waren 1913 472 585 Stück vorhanden. Ferner ist noch ein anderes Fleisch- und Haarschaf vorhanden, das sog. persische, das vor längeren Jahren eingeführt wurde; davon waren 1913 17 171 Stück vorhanden. Von großer Bedeutung versprach die von der deutschen Regierung unter erheblichen Beschaffungsschwierigkeiten und Geldopfern eingeführte Karakulschafzucht zu werden. Die Karakuls haben ihre Heimat in Buchara in Asien und werden sonst nur noch in Südrußland gehalten. Der deutschen Regierung war es gelungen, einige 100 Stück dieser wertvollen Tiere sozusagen im Wege des Schleichhandels von Buchara nach Deutsch-Südwestafrika zu verpflanzen. Die Zucht dieser Tiere, von denen die jungen Lämmer die wertvollen sog. Persianerfellchen liefern, schlug gut ein, insbesondere ließen sich die einheimischen Fettschwanzschafe gut mit den Karakuls aufkreuzen und die gewonnenen Fellchen wurden gut bewertet. Im Jahre 1913 waren 776 reine Karakuls und 10 418 Halbbluttiere vorhanden. Das Erste, was die Engländer nach ihrem Einmarsch im Kriege taten, war die Wegführung der wertvollsten Tiere nach der Union, wo es vorher keine Karakulschafe gab. Sicherlich eine bequeme, aber keine besonders vornehme Manier, um zu einem neuen, vielversprechenden Wirtschaftszweige zu gelangen!

Gewöhnliche Ziegen, vorwiegend im Besitz der Eingeborenen stehend, waren 1913 485 401 Stück vorhanden. Angoraziegenzucht wird von einzelnen Farmern mit gutem Erfolge betrieben; im Jahre 1913 waren 31 503 Stück vorhanden. — Für Pferdezucht sind nur solche Landesteile geeignet, in denen die Pferdesterbe, die bereits für die Union erwähnt wurde, nicht auftritt. Es sind dies der

Süden des Landes und einzelne höhere Gebirgsgegenden in der Mitte des Landes. In solchen Gegenden ist von der deutschen Regierung und von einzelnen Farmern Pferdezucht mit gutem Erfolge betrieben worden. Der Bedarf des Landes konnte jedoch aus der einheimischen Zucht meist nicht gedeckt werden, und es sind größere Pferdetransporte aus Argentinien und Australien geholt worden.

Auch die vorhandenen Maultiere sind durchweg eingeführt worden, während der Esel, dieses auch in Südwest sehr nützliche Tier, meist schon im Lande selbst gezogen wird. Es waren 1913 in der Kolonie 15 916 Pferde und 13 618 Maultiere und Esel vorhanden.

Die Schweinezucht hat ebenso wie in der Union bislang keine erhebliche Bedeutung, 1913 waren 7772 Stück vorhanden. Es soll jedoch bemerkt werden, daß einzelne Farmer recht gute Schweinezuchten im Gange haben.

Straußenzucht war von einzelnen Farmern schon seit längeren Jahren betrieben worden, als die deutsche Regierung im Jahre 1911 eine solche mit guten aus der Union importierten Zuchtstraußen begann, die gute Erfolge versprach. Diese Straußenherde ist anläßlich der englischen Besetzung ausgebrochen, und die wertvollen Straußenhähne werden nun wohl die Zucht der zahlreichen wilden Strauße im Lande aufbessern.

Der Ackerbau spielt in Südwestafrika erst eine untergeordnete Rolle, obwohl er für die Ernährungsfrage von großer Wichtigkeit ist und einzelne Landesteile gut dafür geeignet sind. Es fehlte bislang einmal an der nötigen Erfahrung, und zweitens war die Ernährung der Weißen und schwarzen Bewohner bis zum Kriegsausbruch gewohnheitsmäßig auf importiertes Mehl und Reis abgestellt gewesen. Als im Kriege mit der Union Weizenmehl und Reis in Südwest ausgingen, zeigte es sich, daß der Weiße auch zur Not von Maismehl leben kann und der Eingeborene sich sogar sehr gut an diese Kost gewöhnt. Diese Tatsache hat einen weiteren Ansporn zum Maisbau auf Regenfall gegeben, und in den Bezirken Grootfontein, Okahandja und Gobabis sind auch bereits nennenswerte Ernten erzielt worden. Die Protektoratsregierung konnte im Jahre 1917 ungefähr 8 000 000 lb Mais in Südwest selbst aufkaufen. Fehljahre waren bislang leider häufig und werden auch in der Zukunft nicht ausbleiben; doch wird in dieser Richtung durch gute Bodenbearbeitung nach der dry farming-Methode manche Besserung zu erzielen sein. Auch braucht sich der Maisbau nicht auf die vorgenannten Bezirke zu beschränken. Wohl jeder Farmer in den nördlichen und mittleren Bezirken wird etwas geeignetes Ackerland auf seiner Farm haben und würde bei guter Bodenbearbeitung wohl recht häufig eine Ernte erzielen können und brauchte dann nicht das Mehl für seine Eingeborenen zu kaufen.

Daß auch Weizen, Hafer und Gerste auf Regenfall in Südwest im größeren Stile anbaufähig sein werden, darf nach den bisherigen Erfahrungen angenommen werden.

Mit künstlicher Bewässerung sind in Südwest sicherlich die gleichen Erfolge wie in der Union zu erzielen, insbesondere auch auf dem Gebiete des Luzernebaus, und es sind recht gute Anfänge in dieser Beziehung gemacht worden. Doch sind noch keine wirklich großen Betriebe dieser Art entstanden, weil die Anlagekosten zu erheblich sind. Vorläufig sind es die sog. Kleinsiedlungen, auf denen Land- und Gartenbau mit künstlicher Bewässerung an besonders bevorzugt belegenen Plätzen mit guten Wasserverhältnissen betrieben wird. Diese Kleinsiedlungen oder Heimstätten wurden von der deutschen Regierung in Größe von 6—8 ha ausgegeben, daneben wurde gemeinsames Weidefeld gewährt. Sie sollten Ansiedlern mit geringem Kapital die Niederlassung ermöglichen. Wirklich tüchtige Kleinsiedler sind auch gut vorwärtsgekommen, und für Kleinsiedlungsland in guter Kultur werden hohe Preise gezahlt. Angebaut werden hochwertige Erzeugnisse wie Luzerne, Tabak, Wein, Kartoffeln, Obst, von letzterem insbesondere Zitronen und Orangen. Solche Kleinsiedlungen bestehen bei Windhuk im Klein-Windhuker Tal, in Osona bei Okahandja, am Waterberg, bei Omaruru und im Swakoptal unweit Swakopmund.

Der Obstbau befindet sich in Südwest noch im Anfangsstadium, doch sind bereits gute Zitronen- und Orangenpflanzungen vorhanden. Den vielen zum Teil recht aussichtsreichen Versuchen der deutschen Regierung auf diesem Gebiete und vielen anderen hat der Krieg ein Ziel gesetzt, und die Engländer haben die geschaffenen Anlagen, so z. B. die vorzüglich gehaltenen Versuchsgärten in Tigerquell bei Grootfontein sehr schnell verkommen lassen! Auch die Aufzucht und Lieferung von jungen Forstbäumen, insbesondere Eukalypten, für die Farmer durch die Forstgärten der Regierung hat bedauerlicher Weise durch die englische Besetzung ihr Ende gefunden. Die ebenfalls viel versprechende Tabaksbauversuchsstation in Okahandja wurde zwar fortgeführt, konnte sich aber nicht mehr planmäßig ausbauen.

Mit einer wirksameren Fürsorge der neuen Regierung wird die deutsche Farmerschaft auch in Zukunft nicht rechnen können, und es ist deshalb mit Genugtuung zu begrüßen, daß sich bereits im Laufe des Krieges die Farmer nach dem Grundsatz „Hilf dir selber" zur Wahrung ihrer Interessen zu wirtschaftlichen Vereinigungen und genossenschaftlichen Verbänden zusammengetan und Vorzügliches auf diesen Gebieten geleistet haben. Die Führerschaft hat die „Farmwirtschafts-Gesellschaft für Südwestafrika", die im Jahre 1917 gegründet wurde, übernommen.

Nach ihrem Statut ist sie eine Vereinigung von Farmern und Freunden der Farmwirtschaft, die sich zum Zwecke der sachlichen Förderung der Farmwirtschaft verbunden haben.

Sie schließt die Behandlung politischer Fragen aus und beschränkt sich lediglich auf die Förderung der Technik.

Die Gesellschaft verfolgt nachstehende Zwecke:

a) das Sammeln und Verbreiten erprobter praktischer Erfahrungen auf sämtlichen Gebieten der Farmwirtschaft;
b) Mitteilungen der neuesten wissenschaftlichen Forschungsergebnisse des In- und Auslandes mit besonderer Beziehung auf ihre praktische Anwendung in südwestafrikanischen Farmbetrieben, in kurzer, gemeinverständlicher Form;
c) Durchführung praktischer Versuche und wissenschaftlicher Unternehmungen zur Feststellung des Wertes neuer Verfahren für die südwestafrikanische Farmwirtschaft, wo immer tunlich, mit Hilfe der Mitglieder;
d) Förderung aller Zweige des farmwirtschaftlichen Betriebes in bezug auf Ackerbau, Viehzucht, Wassererschließung und Wassernutzung, Geräte- und Maschinenwesen, Bau-, Meliorations-, und Verkehrswesen;
e) Lösung der Fragen über die gewinnbringendste Verwertung der Farmerzeugnisse und deren zweckmäßigste Herrichtung für den Absatz im Inland und auf dem Weltmarkt;
f) Erforschung der Flora und Fauna Südwestafrikas auf Kultur- und Industrie-Pflanzen, Giftpflanzen, schädliche und nützliche Tiere. Bekämpfung pflanzlicher und tierischer Schädlinge;
g) Errichtung und Unterhaltung einer Fachbücherei, deren Benutzung jedem Mitglied gestattet ist.

Die Gesellschaft gibt eine in Windhuk erscheinende reichhaltige Monatsschrift „Mitteilungen der Farmwirtschaftsgesellschaft für S.-W.-Afrika" heraus. Der Mitgliederbeitrag beträgt 20 sh jährlich; das Postfach der Gesellschaft in Windhuk hat die Nummer 128.

Aus der Farmwirtschaftsgesellschaft heraus ist alsdann ebenfalls im Jahre 1917 der „Verband der Verwertungsvereinigungen" zu Windhuk entstanden, der sich aus Vereinigungen für die einzelnen Bezirke zusammensetzt. Der Verband hat sich folgende Aufgaben gestellt: Verwertung von Farmerzeugnissen, Bevorschussung von Schlachtvieh, Vermittlung von Hypotheken und Krediten, Vermittlung von Farmverkäufen, Vertretung der Gesamtinteressen des Farmerstandes und kostenfreie Seuchenbekämpfung durch eigne Verbandstierärzte. Was diese letzte Aufgabe angeht, so hat der Verband in entschlossener und großzügiger Weise drei deutsche Tierärzte für sich auf Kosten des Verbandes verpflichtet, als die Protektoratsregierung in geradezu unverantwortlicher Weise im Oktober 1919 die letzten deutschen Tierärzte abschieben und damit das Land den herrschenden Seuchen wehrlos ausliefern wollte.

Von sonstigen landwirtschaftlichen Verbänden ist die im April 1919 in Lüderitzbucht gegründete Landwirtschaftsgesellschaft. A.-G. zu nennen, die Schlachtvieh im großen aufkauft und bevorschußt und auch eigenen Landbesitz erworben hat.

6. Siedlungswesen.

Von den rund 83 Millionen Hektar, die Südwestafrika enthält, befinden sich 25 Millionen im Privatbesitz (dabei 12 Millionen Gesellschaftsbesitz), 8 Millionen sind Eingeborenenland, so daß nach Abzug von etwa 16 Millionen Hektar Namibland noch über 34 Millionen Hektar besiedlungsfähiges Regierungsland vorhanden sind.

Die Art und Weise, wie die Besiedlung dieses gewaltigen noch freien Areals vor sich gehen wird, wird für das wirtschaftliche Geschick Südwestafrikas entscheidend sein.

Die Siedlungspolitik der deutschen Regierung nach der Besitzergreifung war zunächst eine verfehlte. Man erteilte einzelnen Gesellschaften riesige Landkonzessionen und hoffte von diesen, daß sie das Land zur Entwicklung bringen würden. Alle diese Gesellschaften wußten zwar ihre Rechte sehr gut auszuüben, versäumten aber ihre Verpflichtung, zu siedeln, gröblich und erwiesen sich als ein Krebsschaden für die Entwicklung des Landes. Nachdem der mit den Gesellschaften gemachte Fehler erkannt war, hat jedoch die Regierung, soweit dies noch möglich war, eine durchaus gesunde Siedlungspolitik durchgeführt. Sie gab Farmen an Neusiedler zu einem geringfügigen Preise ab und unterstützte diese nach allen Richtungen, insbesondere bei der Wassererschließung, richtete auch einige Jahre vor dem Kriege eine Landbank zur Befriedigung des Kreditbedürfnisses der Farmer ein. Durch die Siedlungspolitik der Regierung wurden die Preise für Besiedlungsland der Regierung künstlich niedrig gehalten, während die Preise für Farmland im Privatbesitz allmählich in die Höhe gingen. Dieser Umstand führte leider zu der unerfreulichen Erscheinung, daß das Streben der meisten Farmer weniger auf intensive Ausnützung ihrer Farmen durch Wassererschließungen, Verbesserung des Viehbestandes und Ausnutzung zum Landbau geeigneter Flächen ging, als vielmehr auf Vergrößerung der Hektarzahl ihres Besitzes durch Zukäufe aus dem noch zur Verfügung stehenden Landbesitz der Regierung. Tatsächlich waren ja diese Zukäufe bei den stetig steigenden Landpreisen ein brillantes Geschäft, aber den Übergang von extensiver Wirtschaft zu intensiver haben sie entschieden hintangehalten. Von einer intensiven Ausnutzung der Farmen wie in der Union kann für Südwest noch keine Rede sein, und an eine gedeihliche Entwicklung in dieser Richtung ist solange nicht zu denken, als die Farmerschaft sich nicht von ihrem Landhunger losmacht und ihr Kapital statt in Landkäufen in Meliorationen ihres Besitzes anlegt. Die deutsche Regierung ist zwar immer bestrebt gewesen, diesen schädlichen Landhunger einzudämmen und intensiver Wirtschaft die Wege zu ebnen, hatte aber darin bei den gegenteiligen Bestrebungen der Farmer nur geringe Erfolge.

Wozu die Farmerschaft unter der deutschen Regierung sich nicht verstehen wollte, wird sie sich jetzt unter dem Regime der Union ohne weiteres bequemen müssen, nämlich zur wirtschaftlichen Ausnutzung ihrer Farmen nach jeder Richtung. Die Unionsregierung wird ihre beim Siedlungswesen der Union besprochenen Grundsätze „dichtere Besiedlung und intensivere Wirtschaft" ohne weiteres auch auf Südwestafrika übertragen. Von Zukäufen billigen Regierungslandes kann bei diesen Grundsätzen keine Rede mehr sein, und die englische Zwangsherrschaft wird wenigstens das Gute zeitigen, daß die Farmerschaft von ihrem Landhunger geheilt werden und sich intensiverer Wirtschaft zuwenden wird.

Als ein Verdienst der neuen Regierung muß es auch bezeichnet werden, daß diese durch Verordnung des Administrators vom 17. November 1920 kurzer Hand fast alle Landrechte der Landgesellschaften bis auf wenige geringfügige beseitigt und mit diesem Krebsschaden ziemlich aufgeräumt hat, was dem deutschen Reichstage trotz verschiedener Anläufe nicht gelungen war.

Für die Begründung einer Neusiedlung in Südwestafrika kommt, wie auch früher, Erwerb von Grund und Boden aus Privathand oder von der Regierung in Betracht.

Zum Erwerb einer im vollen Betriebe befindlichen Farm mit Haus, ausreichenden Wasseranlagen und gutem Viehbestande aus Privathand war schon vor dem Kriege ein recht erhebliches Kapital erforderlich; jetzt, wo auch in Südwestafrika nach englischen Pfunden gerechnet wird, würde an deutschem Papiergelde weit über eine Million Mark für den Erwerb einer solchen entwickelten Farm anzulegen sein. Diese Art der Ansiedlung würde demnach nur für einen sehr beschränkten Kreis deutscher Auswanderer in Frage kommen. Um eine im Betrieb befindliche Farm zu pachten, würde ein erheblich geringeres Kapital ausreichen, doch wird sich selten dazu Gelegenheit bieten. Unentwickelte Farmen, auf denen noch Wasser zu erschließen ist und noch kein Haus und Vieh vorhanden ist, sind sowohl aus Privathand wie von Gesellschaften käuflich und gelegentlich auch wohl zur Pacht zu haben. Immerhin wird aber auch für diese unentwickelten Farmen ein Durchschnittskaufpreis von mindestens 5 Schillingen für das Hektar gefordert werden, und es gehören dann zur Wassererschließung, Viehbeschaffung und Hausbau noch recht erhebliche Mittel, so daß auch für diese Art der Neusiedlung ein Kapital von 500 000 bis 1 000 000 M. unter den gegenwärtigen Valutaverhältnissen als notwendig erachtet werden muß. Eine unentwickelte Farm aus Privathand zu pachten, wird kaum ratsam sein, denn die Ausgaben für Wassererschließung und Hausbau kann man kaum in eine Pachtfarm selbst bei langjähriger Pachtdauer hineinstecken. Dagegen könnte die Pacht einer Farm mit sicheren Wasserverhältnissen wenn auch ohne Haus und ohne Vieh für einen bereits landeskundigen und genügsamen Farmer selbst mit geringem Kapital eine Existenzmöglichkeit bieten.

Alles in allem dürften bei dem heutigen Valutastande nur reiche Leute in Deutschland an die alsbaldige Gründung einer Existenz als Farmer durch Kauf oder Pachtung aus Privathand denken können.

Um eine sog. Kleinsiedlung, von denen früher die Rede war, aus Privathand zu erwerben, gehört ebenfalls ein erhebliches Kapital. Man zahlte schon vor dem Kriege für gutes Heimstättenland unter Bewässerung etwa 5000 M. für das Hektar, so daß man jetzt mindestens 250 Pfund dafür anlegen muß. Auch diese Art der Siedlung kommt deshalb gegenwärtig nur für sehr kapitalkräftige Leute in Betracht.

Die übliche Art der Neusiedlung geschah früher zur Zeit der deutschen Regierung durch den Erwerb einer Regierungsfarm. Die deutsche Regierung verlangte lediglich den Nachweis eines Betriebskapitals von mindestens 20 000 M. und verkaufte jedem so qualifizierten Neusiedler eine Regierungsfarm. Der Preis war außerordentlich niedrig gehalten (0,50—2 M. für das Hektar), die Zahlungsbedingungen waren sehr günstig und die gewährten Farmgrößen bei voller Entwicklung und Ausnutzung der Farm im allgemeinen vollkommen ausreichend für die Sicherung einer auskömmlichen Lebenshaltung des Farmers und seiner Familie. Mit dem geforderten Mindestkapital von 20 000 M. als Farmer in Gang zu kommen, konnte wohl nur sehr tüchtigen und genügsamen Farmern gelingen, dagegen konnte man ein Betriebskapital von etwa 50 000 M. vor dem Kriege als hinreichend bezeichnen, um unbedenklich eine Farmwirtschaft zu beginnen, persönliche Tüchtigkeit und genügende Landeskenntnis vorausgesetzt.

Die deutschen Landerwerbsbedingungen sind von der Protektoratsregierung außer Kraft gesetzt worden. Nachdem diese für Neuansiedler zunächst nur widerrufliche Weidelizenzen ausgegeben hatte, hat sie in neuerer Zeit für Neuansiedler die Bestimmungen des Landgesetzes der Union von 1912, die im Abschnitt über Siedlungswesen in der Union (vgl. S. 40 ff.) näher erörtert werden, zur Anwendung gebracht.

Der wesentlichste Unterschied dieser Bestimmungen gegenüber den Landerwerbsbedingungen der deutschen Regierung besteht darin, daß der Neuansiedler n i c h t von vornherein k a u f e n kann, sondern erst p a c h t e n muß, wenn auch unter Gewährung eines bedingungsweisen Kaufrechts. Gegen diese Art der Regelung läßt sich vielleicht vom siedlungspolitischen Standpunkt kaum etwas sagen, jedenfalls hat aber das System den Nachteil, daß der Farmer, bis er Eigentümer geworden, die Farm nicht beleihen und sich auf diese Art keinen Kredit verschaffen kann und daß der Deutsche nun einmal Eigentümer sein will, wenn er mit Lust und Liebe schaffen soll. Im übrigen sind die von der neuen Regierung angesetzten Preise nicht wesentlich höher als die früher von der deutschen angesetzten, nur daß sie eben in englischen Pfunden ausgedrückt sind und das Valutaverhältnis nicht vergessen werden darf. Auch hat die neue Regierung für die bisherigen öffentlichen Kaufausgebote von Regierungsland die bisherigen Farmgrößen bestehen lassen. Es liegt dies aber wohl nur daran, daß die Regierung noch keine Ummessungen der Farmen vorgenommen hat und vorläufig die fertigen Messungen der deutschen Regierung verwendet. In Zukunft wird jedoch mit Sicherheit damit zu rechnen sein, daß die neue Regierung die von der deutschen Regierung gewährten durchschnittlichen Farmgrößen herabsetzen wird, was auch in vielen Fällen wirtschaftlich vertretbar sein dürfte.

Um ein Bild zu geben von den derzeitigen Farmerwerbsbedingungen wird nachstehend eine Bekanntmachung des Sekretärs für Siedlungswesen aus dem Jahre 1920 im Auszuge wiedergegeben:

Bekanntmachung.

Es wird hiermit auf die Bekanntmachung des Gouvernements Nr. 9 vom 28. Juni 1920 hingewiesen, gemäß welcher für die nachstehend genannten Farmen Angebote erbeten werden für Verpachtung auf fünf Jahre mit Vorkaufsrecht gemäß Land Settlement Act 1912, abgeändert durch Act Nr. 23 von 1917, Proklamation Nr. 15 von 1920 und den folgenden Bedingungen: (Siehe Tabelle Seite 99).

Abschriften der Bekanntmachung, die alle Einzelheiten der Pachtfarmen mitteilt, sowie Antragsformulare sind erhältlich beim Secretary for Lands, P. O. Box 297, Windhuk oder Union Buildings, Pretoria.

Es wird abgewartet werden müssen, wie sich diese Siedlungsbedingungen in Südwest einbürgern werden. Immerhin verfolgen sie nach der Richtung die gleiche Tendenz wie die deutschen, daß sie dem Neuansiedler große Anfangsausgaben für den Erwerb des Landes ersparen.

Zunächst ist die Hauptfrage, ob diese günstigen Landerwerbsbedingungen auch deutschen Neuansiedlern zu Gute kommen werden, oder ob sie in der Praxis nur für ausgediente Unionssoldaten und englische Staatsangehörige in Betracht kommen werden. Daß Siedlerelementen der letzteren Art von der Protektoratsregierung bei konkurrierenden Bewerbungen der Vorzug gegeben werden wird, unterliegt keinem Zweifel, doch ist ja schließlich noch so viel besiedlungsfähiges Land vorhanden, daß für die Zukunft auch die Zulassung von deutschen Neusiedlern zum Erwerb von Regierungsland zu erhoffen ist, sobald man wieder Deutsche ohne erhebliche Erschwerungen ins Land läßt. Der Kreis der Siedler wird auch dann, solange die derzeitigen Valutaverhältnisse bestehen, kein großer sein, denn ein Anfangsbetriebs-

Pachtfarm No.	Zur Verfügung stehende Farmen Eingetragener Name und Nummer	Größe ha	Kaufpreis	Pachtzins während der Pachtzeit von 5 Jahren. Erstes Jahr frei		Wenn von dem bedingungsweis. Kaufrecht Gebrauch gemacht wird, beträgt die halbjährl. Rate einschl. Kapital u. 4 Proz. Zinsen, für eine Dauer von 20 Jahren:
				2. u. 3. Jahr $2^0/_0$ per Jahr Halbjährl. Rate	4. u. 5. Jahr $3^1/_2{}^0/_0$ per Jahr. Halbjährl. Rate	
Distrikt Gobabis						
			£ s d	£ s d	£ s d	£ s d
1	Mentz 65	5000	381. 0. 0	3. 16. 2	6. 13. 4	13. 18. 7
2	De Jager 279	5000	396. 0. 0	3. 19. 2	6. 18. 7	14. 9. 6
3	Hoaseb 27	5000	421. 0. 0	4. 4. 2	7. 7. 4	15. 7. 10
4	Chamasaris 23	5000	381. 0. 0	3. 16. 2	6. 13. 4	13. 18. 7
5	De Waal 22	5000	381. 0. 0	3. 16. 2	6. 13. 4	13. 18. 7
6	Mac Kenzie 19	5000	381. 0. 0	3. 16. 2	6. 13. 4	13. 18. 7
7	Pretorius 15	5000	381. 0. 0	3. 16. 2	6. 13. 4	13. 18. 7
8	Schneider 14	5000	381. 0. 0	3. 16. 2	6. 13. 4	13. 18. 7
9	Boshoff 10	5000	401. 0. 0	4. 0. 2	7. 0. 4	14. 13. 2
10	Hughes 7	5000	381. 0. 0	3. 13. 2	6. 13. 4	13. 18. 7
11	Sommerville 6	5000	381. 0. 0	3. 13. 2	6. 13. 4	13. 18. 7
Distrikt Rehoboth						
12	Versailles	7000	602. 0. 0	6. 0. 5	10. 10. 8	22. 0. 2
Distrikt Karibib						
13	Davib West	6546	600. 0. 0	6. 0. 0	10. 10. 0	21. 18. 8

kapital von etwa 1500 £ wird zur Anfassung einer Farm nötig sein.

Es war schon früher kaum möglich und gegenwärtig erst recht nicht, eine ins einzelne gehende Aufstellung der Aufwendungen zu geben, die ein Neusiedler bei Einrichtung einer Farm zu machen hat, wie es ebensowenig möglich ist, eine für alle Verhältnisse geltende Rentabilitätsberechnung für eine im Betrieb befindliche Farm aufzustellen. In letzterer Hinsicht haben bereits zahlreiche mit den tiefgründigsten Berechnungen ausgestattete Auseinandersetzungen der Farmer in Südwest in den Zeitungen und Fachblättern stattgefunden, ohne daß sich aus den sich oft vollkommen widersprechenden Meinungen eine anerkannte Durchschnittsberechnung ergeben hätte. Für eine Neuansiedlung ist es lediglich möglich, allgemein die Kosten der Landbeschaffung und der Anschaffung von Vieh einigermaßen sicher zu kalkulieren; alle anderen notwendigen Aufwendungen, wie Wassererschließung, Hausbau, Haltung von Dienstpersonal und Kosten der Lebenshaltung hängen zu sehr von der einzelnen Farm und dem persönlichen Aufmachungsbedürfnis des Erwerbers ab, als daß man dafür Durchschnittswerte einsetzen könnte. So läßt sich in dieser Richtung nur sagen, daß der Preis einer Durchschnittszuchtkuh in Südwest gegenwärtig infolge der wirtschaftlichen Depression in Südafrika nur etwa 5 £ beträgt, daß die Kosten für Wassererschließung, mag es sich nun um Bohrungen oder Dammbauten handeln, meist sehr hohe sind, da oftmals Fehlbohrungen oder verfehlte Anlagen vorkommen, daß ferner Eingeborenenlöhne und Verpflegung ebenfalls teuer sind und daß schließlich mindestens 4 Jahre vergehen, ehe eine neu in Betrieb genommene Viehfarm eine dauernde Rente abwirft.

Der beste Rat, den man jedem Siedlungsanwärter für Südwestafrika geben kann, und zwar auch dem, der mit großen Geldmitteln sofort eine im Betriebe befindliche Farm anfassen könnte, ist der, zunächst als Volontär, Angestellter oder Farmgehilfe herauszugehen und sich gründliche Landes- und Farmberufskenntnisse anzueignen.

Für die große Mehrzahl der Siedlungslustigen ohne erhebliches Kapital wird dieser Weg überhaupt die einzige Möglichkeit bieten, einmal zu einer selbständigen Existenz als Farmer oder Kleinsiedler in Südwest zu gelangen. Stellen für zahlende Volontäre sind bei einer Reihe von Farmern in Südwest immer zu haben, aber es ist auch ein gewisser Bedarf für bezahlte Farmangestellte vorhanden. Sogenannte Farmverwalter erhalten je nach ihren Fähigkeiten und ihrem Wirkungskreis neben freier Station ein Monatsgehalt von 10—30 £ Die Mehrzahl dieser Angestellten erhält 200—250 sh. monatlich, daneben bei zufriedenstellenden Leistungen jährlich 5—10 Färsen (meist einjährig im Werte von etwa 2—4 £ pro Stück). Jüngere Angestellte einer größeren Farmgesellschaft, die keine freie Station gewährt, erhalten z. B. etwa 350 sh. monatlich und freien Bezug der eignen Farmprodukte, wodurch sich die Kosten für den Unterhalt auf nur etwa 3—4 £ im Monat stellen.

Hiernach wird für einen reichen Siedler der Weg über eine Volontärstellung, für einen minderbemittelten und unbemittelten der Weg über einen Farmverwalterposten die gegebene Vorbereitung für eine selbständige Niederlassung als Farmer oder Kleinsiedler in Südwest sein müssen. Daß ein unvermögender Anwärter eine ganze Reihe von Jahren im Angestelltenverhältnis bleiben muß, um die nötigen Mittel für Selbständigmachung zu erwerben, und daß nur tüchtige und genügsame Leute dieses Ziel erreichen werden, braucht nicht betont zu werden.

Welcher Art der Farmwirtschaft sich ein Neusiedler in Südwest zuwenden soll, wird in erster Linie von den Geldmitteln, in zweiter Linie auch von den farmwirtschaftlichen Kenntnissen und der persönlichen Neigung abhängen. Von letzterer wird auch die

Wahl der Gegend, ob Norden, Mitte oder Süden, abhängen. Jedenfalls wird es aber für das nächste Jahrzehnt nicht ratsam sein, einen Farmbetrieb nur mit Rindviehzucht, wie er am häufigsten vorkommt, ins Auge zu fassen. Wie schon früher erwähnt, erzeugt Südwest mehr Rindfleisch als im Lande verzehrt werden kann; ein Export für den Weltmarkt wird erst nach Jahren in Frage kommen, wenn es sich wirklich um viele Tausende von Schlachtrindern jährlich handelt. Bis dieser Zustand erreicht ist, wird der Preis für Schlachtrinder in Südwest immer ein gedrückter bleiben und den Farmer nicht befriedigen können. Der Export nach der Union hat seine Grenzen in der dortigen Aufnahmefähigkeit und leidet überdies durch die hohen Bahnfrachtkosten. Deshalb richte ein Neuansiedler sein Augenmerk nicht bloß auf Rinderzucht, sondern daneben auf Wollschaf- oder Karakulzucht, insbesondere aber auf Ackerbaumöglichkeiten. Kann er von vornherein einige Hektare unter den Pflug bringen, so kann er auch auf Einnahmen oder doch mindestens auf Selbstgewinnung der Kost für seine Eingeborenen rechnen. Ferner wird es ratsam sein, den Betrieb auf möglichst wenige Eingeborenen-Hilfskräfte zuzuschneiden. Die Löhne für Eingeborene sind hoch und die geleistete Arbeit meist minderwertig. Vor allen Dingen muß aber der Farmer eine tüchtige Hausfrau haben, die in einen Farmhaushalt hineinpaßt; sie ist das notwendigste Inventarstück für die Wirtschaft.

7. Bergbau und Industrie.

Südwestafrika hatte schon vor dem Einsetzen der deutschen Herrschaft eine starke Anziehungskraft auf sog. Prospektoren, die hauptsächlich auf Gold schürften, ausgeübt. Wertvolle Mineralien wurden jedoch dabei nicht in abbauwürdigem Umfange gefunden. Unter der deutschen Herrschaft begann dann der Abbau der schon lange bekannten Kupfererze bei Tsumeb durch die Otavi-Gesellschaft, und es wurden im Bezirk Grootfontein noch einige weitere abbauwürdige Kupfererzfundstätten in Abbau genommen, ebenso führten Kupferfunde im Khanflußbett im Bezirk Swakopmund zum Abbau. Im Jahre 1908 wurden dann durch Zufall die reichen Diamantfelder bei Lüderitzbucht entdeckt, die dem Finanzwesen des Schutzgebiets sofort ein freundlicheres Aussehen als bisher verliehen. Es ist wohl mit Sicherheit anzunehmen, daß noch manche wertvollen Mineralien im Lande nach und nach gefunden werden, da das weite Land nur erst ganz oberflächlich durchforscht ist. Wenn man bedenkt, daß das Gold am Witwatersrand und die Diamanten von Kimerbley erst entdeckt wurden, nachdem dort schon über 50 Jahre Weiße ansässig waren, kann man für Südwestafrika auch noch angenehme Überraschungen dieser Art erwarten. Tatsächlich geht auch alle paar Monate ein Gerücht von Gold-, Kohlen- oder neuen Diamantfunden durch

Südwest; fast regelmäßig steckt aber nichts dahinter, es sind sog. Stories.

Die Bergbaupolitik der deutschen Regierung nach der Besitzergreifung war zunächst eine ebenso verfehlte wie die Landpolitik. Die Bergrechte für weite Gebiete wurden im Wege der Konzession an Gesellschaften gegeben; meist waren es dieselben, die auch die Landrechte hatten. Auch im Bergbauwesen haben die meisten Gesellschaften nicht nur selber nichts geleistet, sondern sogar das Schürfen in ihren Gebieten durch hohe Gebühren unmöglich gemacht. Die von der Regierung durch Bergverordnung eingeführte Schürffreiheit galt nicht für die Konzessionsgebiete der Gesellschaften, die mindestens drei Viertel des gesamten Landgebietes ausmachten. Mit diesem Krebsschaden hat die Protektoratsregierung durch Verordnung vom 17. November 1920, durch die auch die Landrechte größtenteils beseitigt wurden, kurzer Hand aufgeräumt und die Bestimmungen der deutschen Bergverordnung vom 8. August 1905, namentlich den Grundsatz der Schürffreiheit für ganz Südwest eingeführt. Daß die englische South West Africa Company dabei nicht besser behandelt wurde als die deutschen Gesellschaften, kann mit Genugtuung hervorgehoben werden. Es sind nur noch folgende kurzfristige Ausnahmen gemacht worden:

1. die Kaoko-Land- und Minengesellschaft soll während einer Periode von 2 Jahren vom 17. November 1920 ab gerechnet, das alleinige Recht haben, in den 4 Gebieten, die in der Bekanntmachung der Gesellschaft vom 9. September 1913, wie sie im Deutschen Kolonialblatt vom 15. September 1913 veröffentlicht worden ist, angegeben sind, auf Edelsteine und Mineralien und unedle Metalle zu schürfen und sie zu gewinnen. Dieses Recht ist übertragbar.

2. die South West Africa Company Limited soll für die Dauer von einem Jahr, vom 17. November 1920 ab gerechnet, das alleinige Recht haben, in dem ihr nach Artikel 1 des sog. Damaralandkonzessionsvertrages vom 3. August 1892 zwischen der Kaiserlich Deutschen Regierung und der Gesellschaft übertragenen Gebiet, mit Ausnahme von dem durch die „Otavi Minen- und Eisenbahngesellschaft Temporary Mining Reserve Proclamation 1920“ reservierten Gebiet, auf Edelsteine und Mineralien und unedle Metalle zu schürfen und sie zu gewinnen.

3. die Otavi Minen- und Eisenbahn-Gesellschaft soll für die Dauer von einem Jahr, vom 17. November 1920 ab gerechnet, das alleinige Recht haben, in dem Gebiete von 1000 Quadratmeilen, innerhalb dessen sie bisher auf Grund von Artikel 2 (1) des Vertrages vom 14. 20. und 25. Oktober 1899 zwischen der South West Africa Company Limited London der Diskonto-Gesellschaft Berlin und der Exploration Company Limited Minen-Konzessionen besaß, auf Edelsteine und Mineralien und unedle

Metalle zu schürfen und sie zu gewinnen. Dieses Recht ist übertragbar.

Die Bergrechte aller anderen Bevorrechtigten, insbesondere auch der deutschen Kolonialgesellschaft für Südwestafrika, der die Bergrechte für den größten Teil des Diamantgebiets zustanden, bezw. ihrer Rechtsnachfolgerin, der South West Finance Corporation sind gänzlich aufgehoben worden. Auf Grund dieser Maßnahmen wird eine besondere Belebung der Schürftätigkeit für die nächsten Jahre zu erwarten sein.

Die bisherige bergbauliche Tätigkeit in Südwestafrika hat sich vorzugsweise auf Kupfer und Diamanten erstreckt.

Kupferbergbau betreiben die Otavi Minen- und Eisenbahngesellschaft in Tsumeb, das Otavi Exploring Syndicate zu Grootfontein und die Khan-Kupfergrube im Khan. Der Wert der Gesamtausfuhr an Kupfer und Kupfererzen betrug im Jahre 1913 annähernd 8 Millionen Mark. Über die Ausfuhr seit dem Kriege hat die Protektoratsregierung die nachstehende Statistik veröffentlicht:

MINEN	1916.		1917.		1918.		Insgesamt	
	Menge	Wert	Menge	Wert	Menge	Wert	Menge	Wert
	Tons	£	Tons	£	Tons	£	Tons	£
Otavi-Minen Eisenbahn-Gesellschaft, Tsumeb. . . .	— 11,038	— 198,680	— 3,674	— 66,132	— 7,358	— 132,444	— 22,070	— 397,256
Otavi Exploring Syndicate, Limited, Grootfontein	384·3	18,460	217·5	10,440	100·1	4,800	701·9	33,700
Khan-Kupfergrube Khan	497·9	25,896	985·9	51,272	111	5,550	1,594·8	82,718

Die Otavi-Gesellschaft und die Khan-Kupfergrube sind bislang deutsche Gesellschaften unter deutscher Leitung geblieben, doch ist es fraglich, ob sie sich als solche gegenüber den englischen Verdrängungsbestrebungen werden halten können. Außer den drei in Betrieb befindlichen Kupferminen sind noch eine Anzahl anderer Kupferfundstellen bekannt, die zum Teil schon ausgebeutet, zum Teil auf ihre Abbauwürdigkeit untersucht wurden, so z. B. die Otjosonjati-, Gorob-, Matchless-, Pot- und Sinclair-Mine.

Die Diamanten bedeuten einen wichtigen Faktor in der Wirtschaft Südwestafrikas. Woher die lose im Wüstensande bei Lüderitzbucht liegenden Steine stammen, hat die Wissenschaft noch nicht einwandfrei aufklären können. Es war schon früher bei Gibeon und Berseba, wo der gleiche Blaugrund, in dem die Diamanten bei Kimberley gefunden werden, vorkommt, gründlich auf Diamanten geschürft worden, doch ohne jeden Erfolg. Die Diamanten aus Südwest erreichen zwar nicht die Größe wie die aus Kimberley, haben aber doch ihren hohen Wert. Bis zum Kriegsausbruch sind in Südwest insgesamt Diamanten im Werte von 170 Millionen Goldmark gefördert worden, die Förderung im Jahre 1913—1914 betrug 1 284 727 Karat im Werte von etwa 50 Millionen Goldmark. Bei Kriegsausbruch wurden die Diamantminen stillgelegt, aber nach der englischen Besetzung allmählich wieder in Betrieb gesetzt. Im Jahre 1918 hat nach einer Statistik der Protektorats-Regierung folgende Produktion stattgefunden:

	Karats.
Pomona Diamanten Gesellschaft	136 065
Koloniale Bergbau-Gesellschaft m. b. H.	79 552
Deutsche Diamanten Gesellschaft	63 945
Kolmauskop Diamond Mines, Ltd.	43 293
Vereinigte Diamant Minen A.G.	25 199
Diamanten Actien-Gesellschaft	10 499
Diamanten Abbau-Gesellschaft	6 041
Lüderitzbuchter Bergbau Gesellschaft	4 680
Bahnfelder Diamant Gesellschaft	2 865
Insgesamt:	372 139

Fast alle deutschen Diamantgesellschaften haben, da sie sich unter englischem Regime eine gedeihliche Wirksamkeit nicht versprechen konnten, ihre Rechte an einen amerikanischen Konzern, die Consolidatet Diamond Mining Company, verkauft. Es ist bezeichnend, daß dieser amerikanische Konzern mit der Unionsregierung ein Abkommen getroffen hat, daß in einem etwaigen Krieg zwischen England und Amerika das private amerikanische Diamanteigentum in Südwest nicht geraubt werden darf, wie jetzt das deutsche Privateigentum von den für Recht und Gerechtigkeit eingetretenen Kulturnationen. Infolge der Depression auf dem Diamantmarkte hat die Consolidated Diamond Mining Comp. die Förderung seit Mai 1921 vorläufig eingestellt.

Zinn. Von einiger Bedeutung ist das Vorkommen von Zinn für Südwest. Am Erongogebirge und bei Okombahe haben sich abbauwürdige Vorkommen feststellen lassen und sind auch zum Teil ausgebeutet worden. Von 1915—1918 wurden 204 tons im Werte von 28 408 £ ausgeführt.

Marmor kommt bei Karibib in großen Lagern vor und wurde bereits vor dem Kriege von der Afrika-Marmor-Gesellschaft abgebaut. Die hohen Schiffsfrachten bildeten jedoch ein starkes Hindernis für die Entwicklung des Unternehmens. Die Gesellschaft besteht noch, hat aber seit Kriegsausbruch keinen Marmor mehr ausgeführt.

Gold. Erze mit feststellbarem Goldgehalt sind an verschiedenen Orten von Südwest gefunden worden, doch hat sich bislang noch kein Vorkommen als abbauwürdig erwiesen.

Kohle. Kohle ist bislang in Südwest nicht gefunden worden. Man vermutete Kohle in der Gegend von Gibeon, und die deutsche Regierung hatte dieses Gebiet zwecks eigner Untersuchungen für Kohlenschürfungen gesperrt. Es wurde ein Bohrloch bis auf 374 m niedergebracht bis zum Kriegsausbruch; bis dahin war man nicht auf Kohle gestoßen.

Eisen. Ausgedehnte Eisenerzlager sind im Kaokofeld bekannt, an ihre Ausbeute ist wegen Transportschwierigkeiten vorläufig nicht zu denken. Bei Kalkfeld war vor dem Kriege eine kleine Eisenerzmine in Betrieb, die von der Otavigesellschaft für Beimengungen zur Kupferverhüttung betrieben wurde.

Von sonstigen Mineralien wurden Blei, sowie etwas Silber und Zink als Beiprodukt beim Kupferbergbau gewonnen. Sonst sind noch erwähnenswert als verwertbar: Wolfram, Berille und Aquamarine und Rosenquarz.

Von größeren Industrien kann natürlich beim Fehlen von Kohle in Südwest keine Rede sein. Doch sind gute leistungsfähige, größere Brauereien in Windhuk, Swakopmund und Omaruru vorhanden; auch zeugen die großen Elektrizitätswerke in Lüderitzbucht und Swakopmund von industriellem Unternehmungsgeist. Kalkwerke, die einen recht guten Kalk für Bauzwecke liefern, sind bei Okahandja und Windhuk entstanden; am letzteren Ort war bis zum Kriege auch ein Sandsteinwerk zur Herstellung von Ziegeln und Sandsteinplatten verschiedener Art im Betrieb.

8. Handel und Verkehr.

Da Südwestafrika, wie bereits in den vorhergehenden Abschnitten erwähnt, sich, abgesehen von einer gewissen Fleischüberproduktion, noch nicht selbst ernähren kann und eine nennenswerte Industrie noch nicht besitzt, müssen fast alle Gegenstände des täglichen Bedarfs und Waren der verschiedensten Art eingeführt werden, insbesondere Textilwaren und Maschinen. Die Ausfuhr besteht fast ausschließlich aus Mineralien, hauptsächlich Diamanten und Kupfererzen, allerdings von hohem Werte. Die ausgeführte Wolle hatte im Jahre 1912 einen Wert von 149 658 M., die Fleischausfuhr 1912 einen solchen von 28 974 M. Insgesamt haben Einfuhr und Ausfuhr seit 1907 betragen:

	Einfuhr	Ausfuhr
1907	32 396 000 M.	1 616 000 M.
1908	33 179 000 M.	7 795 000 M.
1909	34 713 000 M.	22 071 000 M.
1910	44 344 000 M.	34 692 000 M.
1911	45 302 000 M.	28 573 000 M.
1912	32 499 000 M.	39 035 000 M.
1913	43 425 000 M.	70 303 000 M.

Wenn nach dieser Aufstellung die Ausfuhr vom Jahre 1909 ab plötzlich die Einfuhr erheblich überstiegen hat, die Handelsbilanz also seitdem aktiv geworden ist, so ist dies lediglich auf die einsetzende Diamantenausfuhr zurückzuführen.

Während bis zum Kriegsausbruch Deutschland am Handel mit seiner Kolonie, sowohl was Einfuhr wie Ausfuhr anging, mit über 80 v. H. beteiligt war, ist für die Einfuhr die Union an Deutschlands Stelle getreten, während die Ausfuhr im Kriege fast ganz stockte. Die deutschen Handelshäuser haben natürlich außerordentlich gelitten und werden es schwer haben, wieder hoch zu kommen. Ebenso wird der deutsche Handel von Deutschland aus kaum in altem Umfange seinen Platz zurückerobern können, dafür werden schon die Bestrebungen der Jingos sorgen. Doch werden die deutschen Bewohner sich wieder deutsche Waren zu beschaffen wissen, nachdem die Kolonie in den Kriegsjahren als Abladeplatz für englische, amerikanische und japanische Schundwaren gedient hat.

Erschwert wird der Handel außerordentlich dadurch, daß die neue Regierung die im Abschnitt über Handel in der Union aufgeführten Wertzölle auch für die Einfuhr nach Südwest eingeführt hat, während unter deutscher Regierung nur Einfuhrzölle auf alkoholische Getränke und einige Luxusartikel erhoben wurden.

Die Handelshäuser in Südwest, soweit sie sich nicht dem Engroshandel widmen, erinnern stark an unsere sog. Warenhäuser in Deutschland. In den Kaufläden, für die sich schon unter deutscher Herrschaft bedauerlicherweise die Bezeichnung „store" nicht nur unter den Eingeborenen sondern auch bei vielen Deutschen eingebürgert hatte, kann man Alles kaufen, was der Mensch in Südwest braucht, vom Ochsenwagen bis zur Nähnadel. Insbesondere sind sie auf die Bedürfnisse des Farmers zugeschnitten, der sich von Zeit zu Zeit mit dem Ochsenwagen seine Bedarfsgegenstände aus dem nächsten größeren Platz mit „store" holt.

An Banken waren in Südwest abgesehen von kleinen örtlichen Instituten vor dem Kriege die Bankgeschäfte aller Art betreibende Deutsche Afrika-Bank in Swakopmund mit Zweigstellen in Windhuk und Lüderitzbucht, ferner die für farmwirtschaftlichen Kredit bestimmte Deutsch Südwestafrikanische Genossenschaftsbank in Windhuk und die Südwestafrikanische Bodenkreditgesellschaft in Swakopmund, eine Hypothekenbank für Beleihung städtischen Besitzes, tätig. Dazu war im Jahre 1913 mit Unterstützung der deutschen Regierung die Landwirtschaftsbank für Südwestafrika für Gewährung hypothekarischen Kredits an Farmer getreten. Diese ist von der neuen Regierung liquidiert worden, obwohl sie ein Privatinstitut war. Die vorher genannten bestehen weiter, wenn auch teilweise unter Anlehnung an englisches Kapital und unter englischem Miteinfluß.

Außerdem haben alsbald nach der Besetzung die in der Union

heimischen Standard Bank und National Bank an verschiedenen Plätzen des Landes Zweigstellen aufgetan.

Die Verkehrsverhältnisse in Südwestafrika können mit europäischen nicht verglichen werden, sind auch noch nicht in gleichem Maße entwickelt wie in der Union. Immerhin gingen bei Kriegsausbruch von Swakopmund und Lüderitzbucht Eisenbahnen mit Kapspur ins Inland, die unter sich wieder durch eine Nord-Südbahn verbunden waren. Außerdem ging von Onguati aus eine Schmalspurbahn nach Otavi und von dort aus nach Tsumeb und Grootfontein, ferner noch eine Vollbahn von Seeheim nach Kalkfontein im Süden. Dieses Bahnnetz hat die Unionsregierung im Kriege aus militärischen Gründen erweitert, und zwar durch eine Vollbahn von Walfischbay nach Swakopmund und eine Verbindungsbahn von Seeheim nach der Unionsgrenze bei Nakop, und von dort weiter nach Upington und Prieska in der Union, wo Anschluß an das südafrikanische Bahnnetz besteht.

Gegenwärtig besteht das Bahnnetz in Südwestafrika aus folgenden Linien:

1. Vollbahnen (Kapspur)
   a) Walfischbay — Swakopmund — Windhuk — Keetmanshoop — Seeheim — Kalkfontein — Nakop (von dort weiter nach der Union);
   b) Lüderitzbucht—Seeheim.
2. Schmalspurbahnen (60 cm)
   a) Krantzberg (Station der Vollbahn zwischen Usakos und Karibib) — Tsumeb und Grootfontein;
   b) Onguati—Karibib;
   c) Rehoboth Station—Rehoboth Ansiedlung;
   d) Otjiwarongo—Outjo (unter deutscher Regierung begonnen, unvollendet);
   e) Kalkfeld—Eisenerzmine.

Die Verquickung von Voll- und Schmalspurbahnen erklärt sich ohne weiteres daraus, daß der deutsche Reichstag aus Sparsamkeitsrücksichten die erste Bahn von Swakopmund nach Windhuk nur als Schmalspurbahn bewilligte, was später die Otavi Minen- und Eisenbahngesellschaft zwang, die gleiche Spurweite für die von ihr gebaute Anschlußbahn von Onguati nach Tsumeb und Grootfontein zu wählen. Später sah man die Nachteile ein, baute im Süden von vornherein eine Vollbahn und die Schmalspurbahn Swakopmund—Windhuk in eine Vollbahn um.

Die Bahnen des Landes genügen, wie schon ein Blick auf die Karte beweist, bei weitem nicht dem Verkehrsbedürfnis, und die Pferde- oder Maultierkarre, insbesondere aber auch der Ochsenwagen müssen daneben ständig als Verkehrsmittel in Anspruch genommen werden. Der Verkehr mit Kraftwagen spielt noch keine solche Rolle wie in der Union, doch ist das Auto kein unbekanntes Verkehrsmittel mehr in Südwest, und die Zahl derselben nimmt ständig zu. Die sandigen Flußbetten bilden zwar starke Hindernisse für Kraftwagen, doch kann man mit guten kräftigen Wagen die schwierigsten Wege im Lande überwinden.

Die überseeischen Schiffsverbindungen hörten für Südwestafrika mit Kriegsbeginn auf. Die Landungsbrücke in Swakopmund und die vollkommen wehrlose Stadt Swakopmund wurden von einem heldenmütigen englischen Seehelden beschossen und die Landungsbrücke später abmontiert. Das Baumaterial für die im Bau befindliche neue Landungsbrücke wurde, obwohl Privateigentum, noch während des Krieges zum großen Teil nach der Union verbracht. Damit schied Swakopmund als Landungsplatz aus und wird als solcher auch nicht mehr in Betracht kommen.

Statt dessen ist die den Engländern gehörige Walfischbay, etwa 40 km südlich Swakopmund als Eingangshafen für die nördlichen Landesteile mit außerordentlich minderwertigen Betriebsmitteln in Benutzung genommen worden. Von hier aus, sowie dem südlichen Hafen des Landes Lüderitzbucht hat nach Besetzung des Landes ein geringfügiger Schiffsverkehr nach Kapstadt stattgefunden. Die beiden Häfen belebten sich erst wieder, als die Abtransporte der Deutschen einsetzten.

Ein direkter Fracht -und Passagierverkehr zwischen Europa und den Häfen Walfischbay und Lüderitzbucht ist erst seit dem Herbst 1920 durch den Afrikadienst der zu diesem Zweck vereinigten Reedereien der Wörmann-, Ostafrika-, Hamburg-Amerika- und Bremer Afrika-Linie von Hamburg aus eingerichtet worden. Der Dienst ist seit Februar 1921 ein monatlicher. Die Schiffe der Holland-Afrika-Linie und der Union-Castle-Linie, die von Holland und England nach Südafrika verkehren, laufen Walfischbay und Lüderitzbucht nicht an.

Das unter deutscher Herrschaft sehr gut ausgebaute Post- und Telegraphenwesen hat sich unter dem neuen Regime erheblich verschlechtert und wird auch seinen früheren Hochstand wohl in absehbarer Zeit nicht wieder erreichen. Die Zensur ist mit Aufhebung des Kriegsrechtes aufgehoben worden — wenigstens formell.

9. Soziale und kulturelle Verhältnisse.

Die Lebensweise der weißen Bewohner Südwestafrikas, insbesondere der städtischen, weicht nicht erheblich von der europäischen ab; immerhin besteht etwas mehr Ellenbogenfreiheit als in europäischen Ländern, wodurch das Selbstgefühl des Einzelnen eine starke Kräftigung erfährt. Das Leben eines Farmers, der meist den Rauch seines Nachbarn nicht sieht, ist zwar ein einsames, hat aber gerade durch die Ungebundenheit und Unabhängigkeit seine großen Reize. Die Mehrzahl der Deutschen, die nach Südwest ausgewandert waren, hatte dort eine auskömmliche Existenz gefunden. Für den wirtschaftlich Tüchtigen waren die

Aussichten gut, und mancher vermögenslose Schutztruppensoldat hatte es zum wohlhabenden Farmer gebracht. Viele der Bewohner sind zwar durch den Krieg ruiniert oder stark geschädigt worden, doch haben auch sie bei wirtschaftlicher Tüchtigkeit und verständigem Verhalten ihrer Gläubiger wohl Aussicht wieder hoch zu kommen. Die wirtschaftliche Depression, wie sie jetzt durch alle Länder geht, hat sich auch für Südwest bereits außerordentlich fühlbar gemacht, und die Berichte von dort klingen sehr ernst. Doch kann man wohl sagen, daß die Aussichten für fast alle Berufsklassen in Südwest, die jetzt dort ansässig sind, verhältnismäßig gute sind.

Daß die Farmer mit Absatzschwierigkeiten für Schlachtvieh zu kämpfen haben, und daß die selbständigen Kaufleute vielfach die Wirkungen des Krieges noch nicht verwunden haben, wurde bereits erwähnt, doch darf dabei auch nicht verschwiegen werden, daß einzelne Kaufleute im Kriege recht gute Geschäfte gemacht haben und zu den Kriegsgewinnlern gerechnet werden können.

Für sonstige Gewerbetreibende, Handwerker, Angestellte der freien Berufe und gelernte Arbeiter besteht insofern eine günstige Lage, als durch die zahlreichen Ausweisungen ein Mangel an Kräften in den meisten Berufszweigen besteht. Die gezahlten Gehälter und Löhne sind deshalb gegenwärtig selbst auch bei den in Südwest erheblich gestiegenen Kosten der Lebenshaltung als sehr auskömmlich zu bezeichnen. So beziehen z. B. Maurer bei achtstündiger Arbeitszeit täglich 25—28 Shilling, Schmiede und Schlosser 22—25 Shilling. Buchdrucker erhalten einen Stundenlohn von 3½ Shilling. Im übrigen stellt sich der Tagelohn von Handwerkern im Durchschnitt auf 18—24 Shilling. Handlungsgehilfen, sofern sie erste Kräfte sind, beziehen ein Monatsgehalt von 35—50 Pfund, jüngere Leute ein solches von 20—35 Pfund. Hierzu kommt die Vergünstigung des Einkaufs zum Einstandspreise, was je nach der Art des Geschäfts und dem Aufwande des Angestellten 5—20 Prozent auf das Gehalt ausmacht, ferner Gratifikationen von 500—3000 Shilling. Die Einkommensverhältnisse der Farmangestellten wurden bereits beim Siedlungswesen (S. 100) behandelt.

Die Anzahl der ungelernten Arbeiter in Südwest ist gering, es sind dort in dieser Beziehung die gleichen Verhältnisse im Entstehen begriffen, wie sie in der Union bereits bestehen und geschildert wurden.

Die grobe und ungelernte Arbeit, sowie die Dienste von Hauspersonal werden auch in Südwest fast durchweg von Eingeborenen verrichtet. Es hat sich zwar in Südwest noch nicht wie in der Union die feststehende Auffassung gebildet, daß die Verrichtung ungelernter Arbeit Eingeborenensache und deshalb eines Weißen unwürdig sei. Immerhin lehnt aber auch der ungelernte weiße Arbeiter in Südwest es ab, mit Eingeborenen in Reih und Glied zu arbeiten, was ihm an sich auch nicht verdacht werden kann. Da nun weiterhin Eingeborenenarbeit zwar auch nicht billig, aber jedenfalls billiger als Arbeit eines Weißen ist, so bestand und besteht keine besondere Nachfrage nach ungelernten weißen Arbeitern, und die Zuwanderung solcher war infolgedessen gering und wird es auch bleiben. Verhungern braucht deshalb ein ungelernter weißer Arbeiter in Südwest nicht; und wenn er wirklich arbeiten will, kann er sogar einen hohen Lohn verdienen. Gegen Verpflegung und ein kleines Taschengeld wird auch schließlich jeder stellenlose Weiße, wenn er auf einer Farm mit Hand anlegen will, Beschäftigung finden. Die Herausbildung des Monopols der Eingeborenen auf die ungelernte und häusliche Arbeit ist sicherlich eine bedauerliche Erscheinung und wird im Laufe der Zeit wohl zu denselben Folgeerscheinungen wie in der Union führen. Vorläufig ist jedoch noch kein nennenswertes weißes Proletariat in Südwest ähnlich den „poor whites" in der Union vorhanden, wird aber nunmehr wohl von dort einwandern.

Soziale Wohlfahrtseinrichtungen hat die Protektoratsregierung natürlich noch nicht eingeführt, wird es auch kaum tun, da derartige Einrichtungen in der Union ja auch ziemlich unbekannt sind. Unter der deutschen Regierung konnten Arbeitnehmer ihre in Deutschland begonnenen Pflichtversicherungen freiwillig fortsetzen.

Gewerkschaften oder größere Arbeitsnehmerverbände gibt esin Südwest nicht, dazu ist die Zahl der Arbeiter zu geringfügig. Immerhin besteht aber ein ziemlich fester Zusammenhalt unter den weißen Arbeitsnehmern, insbesondere auf den Diamantfeldern. Seit einiger Zeit haben sie sogar ein periodisch erscheinendes Zeitungsbeiblatt herausgegeben. Kleinere Streiks haben sich auch bereits zugetragen; doch kann natürlich bei dem überwiegend farmwirtschaftlichen Charakter des Landes von einem stärkeren Einfluß der Arbeiterkreise keine Rede sein.

In neuerer Zeit haben die derzeitigen Lenker der Geschicke Südwestafrikas englische ausgediente Soldaten als gelernte Arbeiter dort, (hauptsächlich in den Eisenbahnwerkstätten) anzusetzen versucht, um das englische Element zu stärken. Sehr erbaut sollen diese englischen Einwanderer von ihrer neuen Heimat nicht gewesen sein; die Mehrzahl hat schleunigst wieder abgebaut. Auf die Dauer werden diese „Kolonisationsversuche", die auch in der Union in großem Maßstabe unternommen werden, den Engländern wohl etwas teuer werden.

Was die Kosten der Lebenshaltung in Südwestafrika angeht, so waren diese auch schon vor dem Kriege nicht gering und gegenüber den Kosten in Deutschland annähernd doppelt so hoch. Im allgemeinen entsprechen sie jetzt den für die Union angegebenen Sätzen, nur daß Fleisch etwas billiger, dagegen die von der Union importierten Waren noch etwas teurer als dort sind. Die

Bekleidung ist sehr teuer. Gutes Schuhwerk kostet etwa 3 £, ein Maßanzug europäischer Art 12 ½—15 £. Die Preise der Nahrungsmittel schwanken zum Teil je nach der Jahreszeit (z. B. bei Eiern und Butter) ziemlich regelmäßig. Zum Teil sind sie durch den Ertrag der Ernten, sowohl der in Südwestafrika selbst als auch der in Südafrika, bedingt. Die nachfolgenden Preise stellen die niedrigsten und die höchsten dar, die im Jahre 1920 gefordert wurden:

70 lbs	Zucker	22—40	sh
180 „	Mais	22—60	„
180 „	Boermehl	36—85	„
180 „	Weizenmehl	42—96	„
100 „	Kartoffeln	16—60	„
1 Dtzd.	Eier	2—7 ½	„
1 lb	Butter	1 ½—3	„

Die Fleischpreise waren ziemlich stetig, wenn auch erheblich teuerer als im Jahre 1919. Es wurde bezahlt: Suppenfleisch mit ½ Shilling, Schweinefleisch mit etwa 1 ½ Shilling, Wurst mit 1 ½ Shilling, Schmalz mit 1¾ Shilling je englisches Pfund.

Ein Wohnungsmangel besteht als Folge der vielen Ausweisungen von Deutschen im allgemeinen nicht, doch sind trotzdem die Mietspreise nicht gerade gering. Für ein möbliertes Zimmer in Windhuk sind z. B. monatlich 2—4 £ zu zahlen, für ein Hotelzimmer mit Pension sind täglich etwa 8—12 sh zu zahlen.

Die Steuerverhältnisse sind von der neuen Regierung noch nicht geregelt worden. Vorläufig wird noch die von der deutschen Regierung eingeführte Grundsteuer weiter erhoben. Daneben erheben die Kommunalverbände verschiedenartige Steuern, Windhuk z. B. eine Einkommensteuer.

Die ärztliche Versorgung der Kolonie hat durch den Krieg stark gelitten. Sämtliche Militärärzte und mehrere Zivilärzte wurden noch während des Krieges im Wege des Gefangenenaustausches nach Deutschland überführt, so daß ein fühlbarer Mangel an deutschen Ärzten entstand. Die Lücke konnte durch die englischen Militärärzte nicht ausgefüllt werden, da die deutsche Bevölkerung kein Zutrauen zu ihrem Können gewinnen konnte. Nach Friedensschluß sind einige von den deutschen Ärzten nach Südwest zurückgekehrt, so daß gegenwärtig wenigstens für die größeren Ortschaften das dringendste Bedürfnis gedeckt zu sein scheint. Besondere Bestimmungen über die Zulassung von Ärzten hat die neue Regierung noch nicht erlassen, die Ausübung der Praxis hängt von der Genehmigung des Administrators ab.

Auch die Anzahl der deutschen Krankenschwestern ist stark zusammengeschrumpft, sie wäre schon lange wieder ergänzt worden, wenn die neue Regierung eine Zuwanderung zugelassen hätte. In neuerer Zeit soll die ablehnende Haltung gemildert worden sein, so daß Hoffnung auf Ersatz an Krankenschwestern besteht. Der Frauen-Verein vom Roten Kreuz, der früher die Schwestern in die Kolonie entsandte, hat seine segensreiche Tätigkeit, und zwar jetzt für alle Deutsche über See, wieder aufgenommen und würde auch Südwestafrika wieder mit Schwestern versorgen, sobald die Regierung es zuläßt.

Die deutschen Krankenhäuser haben ihre segensreiche Wirksamkeit auch während des Krieges entfalten können und werden sich auch hoffentlich für die Zukunft halten können. Es bestehen in Windhuk das Elisabeth-Heim (für Wöchnerinnen) und das katholische Hospital; in Swakopmund das katholische Antonius-Hospital, in Keetmanshoop das Johanniter-Krankenhaus, in Tsumeb das Otavi-Minen-Hospital, in Grootfontein, Lüderitzbucht und Outjo Bezirkskrankenhäuser, in Karibib ein Privatkrankenhaus; außerdem besteht in Swakopmund das Prinzessin-Ruprechtheim, ein Erholungsheim. Deutsche Schwestern sind stationiert in Warmbad, Gibeon, Maltahöhe, Gobabis, Omaruru, Outjo und Grootfontein.

Das Schicksal der deutschen Schulen wurde schon bei Schilderung der britischen Kolonisationsmethoden hervorgehoben. Zunächst versuchte die Protektoratsregierung die deutschen Schulen dadurch auszurotten, daß sie sämtliche deutschen Lehrer und Lehrerinnen auf die Ausweisungsliste setzte. Auf scharfe Proteste der Deutschen in der Kolonie und der Nationalisten in Südafrika wurden zwar diese Ausweisungen nur zum Teil ausgeführt, dafür hob man aber die deutschen Schulen als staatliche auf. Einen sehr durchsichtigen Vermittelungsvorschlag von Smuts, die deutsche Sprache als Unterrichtssprache für die ersten 4 Schuljahre bestehen zu lassen und dann nach Wahl der Eltern englisch oder holländisch als Unterrichtssprache eintreten zu lassen, haben die Deutschen anerkennenswerter Weise einmütig abgelehnt und unter schweren geldlichen Opfern eigne Privatschulen gegründet. Fast an allen Orten, wo früher deutsche Regierungsschulen sich befanden, haben sich deutsche Schulvereine zur Aufrechterhaltung der Schulen gegründet und sich zum Landesverband der deutschen Schulvereine in Windhuk zusammengeschlossen. Dieser wird auch versuchen, die Realschule in Windhuk und die Realschulvorklassen in Swakpomund als Privatschulen weiterzuführen. Hoffen wir, daß der Vaterlandsliebe und Opferwilligkeit des kleinen Häufleins der Deutschen in Südwest ein dauernder Erfolg beschieden sei.

Die Engländer haben es sich bei Errichtung ihrer Schulen recht billig und bequem gemacht, sie vertrieben die Deutschen aus ihren Schulen und Pensionaten, die größtenteils Kommunalbesitz waren, und schrieben Unionsschule darüber. Nach der Statistik hatten sie am 30. Juni 1919 24 Schulen eröffnet mit angeblich 704 Schülern.

Deutsche Kirchen — evangelische wie katholische — befinden sich in den größeren Orten.

10. Lage des Deutschtums.

Abgesehen von der deutschen Beamtenschaft und der Schutztruppe in Südwestafrika, von denen zwar ein nicht unerheblicher Prozentsatz im Lande dauernd seßhaft wurde, die Mehrzahl aber nach Ablauf des Dienstes nach Deutschland zurückkehrte, waren die dort eingewanderten Deutschen vollkommen bodenständig geworden. Wenn sie auch wohl gelegentlich auf das „Affenland" schimpften, hatten sie doch dort eine wirkliche Heimat gefunden. Annähernd die Hälfte der deutschen Bewohnerschaft ist ja jetzt durch die englischen Gewaltmaßnahmen aus ihrer Heimat vertrieben worden, und der Rest ist einer bislang oft recht gehässigen Willkürherrschaft ausgesetzt. Das mag die Lebensfreude der deutschen Bevölkerung stark niederdrücken und diesen oder jenen Deutschen aus Schwachheit, moralischer Minderwertigkeit oder Gewinnsucht dem Deutschtum abtrünnig machen. Allgemein kann man jedoch mit Freude und Genugtuung feststellen, daß das zusammengeschmolzene Häuflein Deutscher in Südwest sein Deutschtum hochhält und mit großem Freimut verteidigt. Dies ist um so mehr anzuerkennen, als die Verteidiger ihres Deutschtums wirtschaftliche Schädigungen und die Ausweisung zu gewärtigen haben. Die Gefahr der Ausweisung bleibt nämlich auch nach der Anfang 1921 erfolgten Aufhebung des Kriegsrechts bestehen. Im Amtsblatt vom 24. November 1920 ist eine neue Verordnung bekannt gegeben worden, wonach der Administrator außer Personen, die gegen die Strafgesetze verstoßen haben, ausweisen kann: „Personen, bei denen nach seiner Meinung genügende Gründe dafür bestehen, daß sie dem Frieden und der guten Regierung des Schutzgebietes gefährlich sind." Weiter heißt es in der Verordnung: „Gegen einen Ausweisungsbefehl ist keine Berufung an das Gericht zulässig. Jedem Ausgewiesenen ist die Wiedereinwanderung verboten." Solange solche jeder Zivilisation und Gerechtigkeit widersprechenden Verordnungen bestehen, die man wohl gegen Landstreicher, aber nicht gegen eine bodenständige und selbst nach dem Anerkenntnis von Smuts um die Entwicklung des Landes hochverdiente Bevölkerung erläßt, wird das Deutschtum weiter gefährdet bleiben. Mag auch der derzeitige Administrator gegenwärtig einigermaßen dem Deutschtum gegenüber tolerant sein, so weiß man nicht, wie lange dies dauert und ob nicht gelegentlich die Regierung in London oder Pretoria neue Unterdrückungsmaßnahmen für angezeigt erachtet: Sollte der Völkerbund, dem die Überwachung des Mandatstaates Südwestafrika übertragen ist, wirklich einmal an die Ausübung seiner Pflichten herangehen, so wird er nicht umhin können, die schmähliche Ausweisungsverordnung zu beseitigen.

Wie schon früher betont, hat die Bevölkerung es nicht an dauernden Protesten gegen die Ausweisungen, Ausrottung des deutschen Schulwesens und der deutschen Sprache und sonstigen Bedrückungsmaßnahmen fehlen lassen. In dieser Hinsicht ist sie von den Nationalisten und ihrer Presse in Südafrika wirksam unterstützt worden, und es ist von der Hilfe der Nationalisten, die den Feldzug gegen unsere Kolonie und deren Wegnahme ausdrücklich verdammt haben, zu erwarten, daß die jingoistisch beeinflußten Maßnahmen in Südwest etwas eingedämmt werden. Die Nationalisten haben zwar bei den Wahlen in der Union am 8. Februar 1921 keine Parlamentsmehrheit errungen, sind aber immerhin eine so starke Partei geblieben, daß ihr Einfluß nicht unberücksichtigt bleiben kann. Natürlich hängt das Geschick Südwestafrikas stark von dem der Union ab, und mit der Macht der Nationalisten werden auch die Zukunftsaussichten für Südwestafrikas Deutschtum sich automatisch bessern. Aus eigner Kraft werden die Deutschen in Südwest ihr Geschick nicht wesentlich ändern können, ebensowenig wie das Deutsche Reich in seiner jetzigen Ohnmacht es kann, doch darf weder in Südwest noch in Deutschland der Ruf nach gerechter Behandlung der Deutschen in der Kolonie, nach Wahrung ihres Selbstbestimmungsrechts und letzten Endes nach Wiedervereinigung mit Deutschland verstummen. Vor allen Dingen muß zunächst auch gefordert werden, daß die Schwierigkeiten, die bislang deutschen Rückwanderern und Einwanderern in den Weg gelegt wurden, und die einem Einwanderungsverbot fast gleich kamen, behoben oder gemildert werden. Daß eine deutsche Masseneinwanderung, die auch unter deutscher Herrschaft nicht in Frage kam, ausgeschlossen ist, wissen die englischen Behörden sehr wohl und würden selbst ihren Zielen kaum etwas vergeben, wenn sie einzelne Zuwanderer ins Land lassen würden.

Schließlich muß auch als dringend gefordert werden, daß die Protektoratsregierung eine deutsche konsularische Vertretung zuläßt, damit wenigstens in dieser Hinsicht wie in jedem fremden Lande eine Schutzstelle für deutsches Interesse vorhanden ist.

11. Einwanderungsbestimmungen.

Wie vorher erwähnt, kam das bisherige Verhalten der Protektoratsregierung gegenüber deutschen Einwanderern und Rückwanderern ziemlich einem Einwanderungsverbot für Deutsche gleich. Tatsächlich sind nur nahe Familienangehörige von in Südwest ansässigen Deutschen und einzelne Deutsche, die dort mit Grundbesitz bereits ansässig waren, in das Land hineingelassen worden. Ein größeres Entgegenkommen der Einwanderungsbehörden ist zwar sowohl von Smuts wie von dem neuen Administrator in Aussicht gestellt worden, doch bleibt der Erfolg der Versprechungen noch abzuwarten.

In formeller Hinsicht werden für Südwestafrika dieselben Einwanderungsbestimmungen zur Anwendung gebracht wie für die Union (vgl. S. 66 ff.). Insbesondere wird auch der Nachweis der nötigen Subsistenzmittel gefordert. Jeder Zuwanderer muß außerdem die Einreiseerlaubnis (Permit to enter Protectorate) des Administrators in Windhuk haben. Ohne dieses Permit ist jeder Versuch, nach Südwestafrika hineingelassen zu werden, aussichtslos. Die Ausstellung des Permits ist bei dem Secretary of the Protectorate in Windhuk oder bei dem High Commissioner for the Union of South Afrika in London zu beantragen. Wer ein solches Permit in Händen hat, braucht nur noch das Visum eines britischen Konsuls in Deutschland wie das im Anhang unter 2. näher erläutert ist, und kann damit die Förmlichkeiten für die Einreise als erledigt betrachten.

Natürlich ist bei dem vorgeschriebenen Verfahren die Erlangung der Einreiseerlaubnis sehr erschwert, zumal anscheinend auch die an den High Commissioner gerichteten Anträge zur Prüfung nach drüben gesandt werden. Nach den bisherigen Erfahrungen hat ein solcher Antrag nur Aussicht auf Genehmigung, wenn er in Südwestafrika selbst wirksame Unterstützung findet. Es hat also wenig Zweck, wenn sich Deutsche, die keine Beziehungen zu Eingesessenen in Südwest haben und nichts dafür ins Feld führen können, daß sie dort alsbald ihren Lebensunterhalt finden werden, an den Secretary in Windhuk um Einreisegenehmigung wenden. Wer dagegen Beziehungen nach Südwest hat oder solche anknüpfen kann und durch Ausnutzung dieser Beziehungen eine feste Anstellung dort oder Sicherung seines Lebensunterhalts der Einwanderungsbehörde nachweisen kann, hat schon eher Aussicht auf Erteilung des Permits. Am besten überläßt der Einwanderer in solchen Fällen dem Verwandten, Bekannten oder zukünftigen Arbeitgeber die Besorgung des Permits beim Secretary und läßt sich dasselbe zusenden.

Bei deutschen Rückwanderern, d. h. solchen Deutschen, die bereits früher in der Kolonie ansässig waren, wird unterschieden, ob sie ausgewiesen worden sind oder nicht. Rückwanderer, die nicht ausgewiesen wurden, haben Aussicht, die Einreiseerlaubnis zu erhalten, insbesondere wenn sie noch Grundbesitz in der Kolonie haben. Ausgewiesene Deutsche sollen grundsätzlich nicht zurückkehren dürfen, doch werden einzelne Ausnahmen gemacht. In solchem Falle verlangt jedoch die Protektoratsregierung vor Erteilung des Permits den Ersatz der durch die Heimbeförderung des Ausgewiesenen entstandenen Kosten und berechnet hierfür den Betrag von £ 61. Wenn man bedenkt, daß die englische Regierung der deutschen auf Grund des Friedensvertrages die entstandenen Heimreisekosten zweifellos in Rechnung gestellt hat oder noch stellen wird und ferner, daß die Heimbeförderung auf elenden Frachtschiffen mit schlechtester Unterbringung und Verpflegung meist nicht mal einer Beförderung III. Klasse, für die die Union Castle-Linie £ 19 berechnet, gleichkam, so muß man das angewandte Geschäftsverfahren als ein zwar sehr einträgliches aber nicht gerade vornehmes bezeichnen.

12. Aussichten für deutsche Einwanderer.

Wenn wir nunmehr Südwestafrika als Zielland für deutsche Einwanderer betrachten, so muß nochmals zunächst betont werden, daß das Los der Deutschen dort unter englischer Herrschaft kein erfreuliches ist und daß ihnen die Bewahrung ihres Deutschtums sehr sauer gemacht wird. Wer als Deutscher dorthin auswandert, muß sich gegenwärtig damit abfinden, daß er dort nicht mehr wie in der früheren Kolonie Deutsch-Südwestafrika als vollberechtigter Bürger auftreten kann und daß er als Deutscher manche Zurücksetzungen sich gefallen lassen muß. Wem dies zu sehr gegen das Gefühl geht, soll lieber keine Auswanderungspläne für Südwest schmieden. Wer dagegen glaubt, mit den bestehenden politischen Verhältnissen fertig zu werden, und sich berufen fühlt, als Hilfskraft für das bedrängte Deutschtum mitzuwirken, soll getrost hinausgehen, wenn er gute Aussichten für sein Fortkommen in Südwestafrika zu haben glaubt. Im Interesse des Deutschtums dort kann dessen Kräftigung durch deutsche Zuwanderung nur als erwünscht bezeichnet werden, nur müssen es Deutsche sein, die ernsthaft gewillt sind, an ihrem Deutschtum festzuhalten. Solche Deutsche werden bei festem Anschluß an die eingesessenen Deutschen, die bereits bewiesen haben, daß sie sich weder durch Zuckerbrot noch Peitsche der Engländer in Betätigung ihres Deutschtums beirren lassen, auch nicht vereinsamt in dem neuen Lande dastehen und können deutsche Kulturpioniere im wahren Sinne des Wortes werden.

Der Kreis der Deutschen, die für eine Auswanderung nach Südwestafrika in Frage kommen, wird, selbst wenn in Zukunft die Einreiseerlaubnis leichter erteilt werden sollte als bisher, immer nur ein recht beschränkter sein; für eine stärkere weiße Einwanderung ist das Land vorläufig nicht geeignet.

Auf gut Glück nach Südwestafrika hinauszugehen, kommt überhaupt zurzeit nicht in Frage, da in solchen Fällen die Einreiseerlaubnis sicherlich versagt werden würde. Im übrigen ist für die einzelnen Berufe folgendes zu sagen:

Hinsichtlich des Berufes als selbständiger Farmer wurde bereits in dem Abschnitt über Siedlungswesen hervorgehoben, daß zum Erwerb einer im Betrieb befindlichen Farmwirtschaft ein enormes, und zur Begründung eines selbständigen Farmbetriebes ein sehr erhebliches Kapital in deutschem Gelde gegenwärtig erforderlich ist. Wer über ein solches verfügt und schon von Deutschland aus Verhandlungen über den Erwerb einer Farm pflegen will, wird sich am besten mit dem Verband der Verwertungs-Vereinigungen in Windhuk in Verbindung setzen. Doch sollte jeder Farmkauf erst nach Erwerbung gründlicher Landeskenntnisse vor sich gehen, und der Käufer zunächst einmal praktisch auf einer Farm tätig sein. Es gibt eine größere Anzahl von Farmern in Südwest, die gegen Entgelt Volontäre aufnehmen. Anschriften von solchen sowie nähere Bedingungen würde die Farmwirtschaftsgesellschaft in Windhuk auf Anfrage mitteilen. An dieselbe Gesellschaft werden sich auch Deutsche, die als Farmverwalter oder Farmgehilfen eine Stelle suchen, wenden können. Auch kommen die Kolonialschulen in Witzenhausen a. Werra und in Hohenheim in Württemberg sowie die Kolonial-Abteilung der Deutschen Landwirtschaftsgesellschaft in Berlin für die Anknüpfung von Beziehungen in Frage. Über die wirtschaftlichen Aussichten des Farmerstandes sagt der bekannte alteingesessene Farmer Schlettwein in seiner kürzlich erschienenen Schrift „Farmwirtschaftliche Probleme": Unser Land bietet noch heute tüchtigen anspruchslosen Menschen Aussichten für wirtschaftliches Fortkommen wie kein anderes in der Welt.

Was den kaufmännischen Beruf angeht, so waren die Aussichten für jüngere Kaufleute bis vor kurzem nicht ungünstig, da auch von dieser Berufsklasse manche ausgewiesen wurden oder freiwillig nach Hause zurückkehrten, sodaß — wenigstens vorübergehend — eine gewisse Nachfrage bestand. Über die Gehaltsverhältnisse wurden im Abschnitt über soziale Verhältnisse nähere Angaben gemacht. Für ältere Kaufleute, die Selbständigkeit anstreben, sind die Aussichten weniger günstig, da bei der Entwertung des deutschen Geldes ein erhebliches Kapital zur Errichtung eines eignen Geschäfts nötig ist.

Zwecks Erlangung einer kaufmännischen Stellung kann empfohlen werden, sich an den Angestelltenverband in Windhuk, Postfach 199, zu wenden. Ferner kommen das Annoncenbureau von August Schulze in Swakopmund für eine Vermittlung und die im Literaturverzeichnis aufgeführten deutschen Zeitungen der Kolonie für Aufgabe einer Anzeige in Betracht. Auch kann die Vermittlungstätigkeit von Stellen in Deutschland, wie sie in Anhang unter I aufgeführt sind, unter Umständen Erfolg haben.

Handwerker, insbesondere Maurer, Bauhandwerker, Schmiede und Schlosser, auch Tischler, Maler und Sattler, haben schon früher bei guten Löhnen stets Beschäftigung im Lande gefunden. Jetzt, nachdem eine größere Anzahl von Handwerkern ausgewiesen wurde, macht sich der Mangel an solchen von Tag zu Tag mehr fühlbar, Die Folge davon ist, daß die Löhne außerordentlich in die Höhe gegangen sind und Privatbetriebe deshalb kaum noch weiße Handwerker beschäftigen können. Einige Lohnsätze finden sich oben S. 109.

Die staatlichen Betriebe, wie Eisenbahnwerkstätten und die Bergwerksbetriebe, die ohne weiße Handwerker nicht betriebsfähig sind, ziehen bei außerordentlich hohen Löhnen alle brauchbaren Handwerker an sich, so daß kleinere Privatbetriebe, die an sich genügende Betätigungsmöglichkeiten haben würden, aus Mangel an weißen Handwerkern stilliegen müssen.

Es besteht hiernach ein dringendes Bedürfnis für Freigabe der Einwanderung einer dem Bedürfnis entsprechenden Zahl von weißen Handwerkern. Tatsächlich hat auch die Regierung für die Eisenbahnwerkstätten bereits Qualitätsarbeiter aus Deutschland angeworben, im übrigen ist von einem Entgegenkommen der Regierung auf diesem Gebiete bislang noch nichts zu spüren gewesen. Zunächst wird auch die Vermittlung von Stellen einige Schwierigkeiten bereiten, da bislang weder in Südwest noch in Deutschland geeignete Vermittlungsstellen bestehen. Doch können auch für auswanderungswillige Handwerker in Deutschland die Wege, wie sie zuvor bei den Handlungsgehilfen angegeben sind, zum Ziele führen. Für gelernte Bergarbeiter käme eine Bewerbung bei der Otavi Minen- und Eisenbahngesellschaft in Berlin, Unter den Linden 31, und für Aufsichtspersonal auf den Diamantfeldern eine solche bei der Kol. Bergbau-Gesellschaft Berlin, Neue Wilhelmstr. 2, in Betracht. Auch besteht eine Stellenvermittlung der Vereinigung der Minenbeamten in Lüderitzbucht (Postfach 22). Für Angehörige zahlreicher Berufe wie z. B. Bäcker, Fleischer, Schneider, Schuhmacher, Schriftsetzer und Uhrmacher besteht gegenwärtig an einzelnen Plätzen gelegentlich Nachfrage, doch ist der Bedarf leicht gedeckt und eine gegebene Niederlassungsmöglichkeit für Anwärter in Deutschland schwer festzustellen.

Ungelernte Arbeiter haben, wie schon früher hervorgehoben wurde, nur geringe Aussichten für ihr Fortkommen in Südwest. Es würde auch ungelernten Arbeitern in Deutschland kaum möglich sein, Stellen in Südwest ausfindig zu machen. Man behilft sich eben dort für Hausarbeit und ungeschulte grobe Arbeit, so gut es geht, mit Eingeborenen, deren Arbeitsleistung zwar minderwertig, aber doch erheblich billiger ist als die einer weißen Arbeitskraft.

Für Angehörige weiblicher Berufe besteht große Nachfrage an sog. Stützen der Hausfrau. Besonders auf Farmen ist Nachfrage nach solchen. Auf Familienanschluß und eine angemessene Vergütung je nach dem Aufgabenkreis kann gerechnet werden. Für Vermittlung solcher Stellen war früher der Frauenbund der Deutschen Kolonialgesellschaft Berlin, am Karlsbad 10, die gegebene Stelle. Wenn dieser seine frühere Tätigkeit auf diesem Gebiete auch hat aufgeben müssen, wird er doch stellensuchenden Stützen womöglich auch jetzt noch zu einer Stelle in Südwest verhelfen können. Der Tätigkeit des Frauenvereins vom Roten Kreuz für Deutsche über See, Berlin-Halensee, Nestorstr. 14, auf dem Gebiete der Krankenschwesternentsendung ist bereits gedacht worden (vgl. S. 112).

Angehörige der sonstigen freien und der akademischen Berufe haben nur in sehr beschränktem Umfange Aussichten auf ein Fortkommen in Südwestafrika. Ingenieure für Dammbauten und andere Wassererschließungsarbeiten wären dem Lande dringend nötig, doch wird die Begründung eines selbständigen Unternehmens auf diesem Gebiete seine großen Schwierigkeiten haben. Immerhin könnten Verhandlungen mit der Farmwirtschaftsgesellschaft für Wasserbauingenieure die Aussichten klären.

Für deutsche Ärzte mag wohl selbst nach Rückkehr einer Anzahl der dort vor dem Kriege ansässig gewesenen sich an diesem oder jenem Platz eine Existenzmöglichkeit bieten. Doch darf nicht vergessen werden, daß vor dem Kriege fast alle Ärzte Beihilfen der deutschen Regierung erhielten, die jetzt bei einer Kalkulation außer Betracht bleiben müssen.

Deutsche Lehrer oder Lehrerinnen, die in den Dienst der deutschen Schulgemeinden treten möchten, werden sich am besten direkt mit dem Landesverband der deutschen Schulvereine in Windhuk in Verbindung setzen; für geprüfte Lehrer kommt auch die Vermittelung des Auswärtigen Amts, Schulabteilung, Berlin Wilhelmsplatz 8, in Frage.

Zum Schlusse sei nochmals betont, daß einer Auswanderung nach Südwestafrika auf gut Glück gegenwärtig wegen der erforderlichen vorgängigen Beschaffung der Einreiseerlaubnis in Windhuk nicht möglich ist und wegen der unsicheren und von Deutschland jetzt schwer übersehbaren wirtschaftlichen Zustände auch nicht ratsam wäre. Jeder, der nach Südwest auswandern will, muß demnach, bis die Einwanderungsförmlichkeiten geregelt sind, zum mindesten etwas Geduld haben, was einer reiflichen Überlegung des Entschlusses ja immer dienlich sein wird.

13. Ratschläge.

Die für die Auswanderung Deutscher nach der südafrikanischen Union gegebenen Ratschläge können im allgemeinen sinngemäß auch für eine Auswanderung nach Südwest gelten, doch soll im einzelnen noch folgendes betont werden:

1. Paß-, Steuer- und Zollvorschriften in Deutschland: Auf die Zusammenstellung der in diesen Angelegenheiten zu beobachtenden Vorschriften und Förmlichkeiten im Anhang unter Nr. 2. und 4. wird verwiesen.

2. Einreiseerlaubnis: Es soll an dieser Stelle nochmals betont werden, daß es hauptsächlich darauf ankommt, der Einwanderungsbehörde in Windhuk die Überzeugung beizubringen, daß die Zuwanderung dem Lande nützlich sei, sei es durch Einbringung eines größeren Kapitals, sei es durch Ausfüllung einer Stelle, für die im Lande keine Kräfte vorhanden sind. Ob der Zuwanderer für seine Person sich Nutzen von der Einwanderung verspricht und sein Interesse für das Land betont, wird der Einwanderungsbehörde meist gleichgültig sein. Deshalb wird auch in den meisten Fällen die Unterstützung des Einwan-

derungsantrags durch Verwandte, Bekannte oder den zukünftigen Arbeitgeber in Südwest selbst ausschlaggebend sein. Man überläßt am besten, wenn man dazu in der Lage ist, diesen Mittelspersonen die Besorgung des Permits und läßt es sich zusenden.

3. Reiseweg und Reisekosten. Eine direkte Passagier-Verbindung nach den beiden Häfen Südwestafrikas Walfischbay und Lüderitzbucht (Swakopmund besteht als Landungshafen nicht mehr) unterhält nur der Deutsche Afrika-Dienst der Wörmann-Linie und der mit dieser Linie für diesen Dienst vereinigten anderen Reedereien von Hamburg aus. Der Dienst ist seit dem Februar 1921 ein monatlicher. Die Fahrpreise (Mai 1921) und Anlaufhäfen sind aus nachstehender Aufstellung ersichtlich:

von Hamburg oder Rotterdam nach	I. Klasse ℳ	II. Klasse ℳ	III. Klasse ℳ
Lissabon	5 500	4 125	2 200
Madeira und Kanar. Inseln	6 000	4 500	2 400
Loanda Lobito Bay und Mossamedes...........	15 000	11 250	6 000
Walfischbay, Lüderitzbucht uud Kapstadt ..	15 625	11 700	6 250

Nähere Auskunft über alle Passage- und Gepäckfragen erteilen die Wörmann-Linie und die Deutsche Ost-Afrika Linie in Hamburg, Afrikahaus, oder deren Agentur in Berlin NW 7, Neustädt. Kirchstr. 15.

Es kommen auch die für die Union genannten Linien, nämlich die Union Castle Line und Holland-Afrika-Linie für die Reise nach Südwestafrika in Betracht, doch legen deren Schiffe in Walfischbay und Lüderitzbucht nicht, oder wenigstens nicht regelmäßig, an, so daß Passagiere den unnötigen und kostspieligen Umweg über Kapstadt nehmen müßten. Auch die Paßschwierigkeiten werden bei einer Abreise von Rotterdam oder Southampton und Landung in Kapstadt erheblich vergrößert, noch mehr aber die Unkosten. Wie die Fahrpreisübersicht ergibt, sind die derzeitigen Passagepreise außerordentlich hohe, so daß es manchem Auswanderungswilligen unmöglich sein wird, sie aufzubringen. In solchen Fällen wird sich vielfach der Ausweg finden lassen, daß der Vertrauensmann oder zukünftige Arbeitgeber in Südwest die Fahrkarte dort bei der Linie bezahlt, was in englischer Währung mit kleineren Mitteln möglich ist, und daß der Zuwanderer später die Auslagen ersetzt oder abverdient.

4. Mitnahme von Familienangehörigen und Umzugsgut. Wegen Erörterung dieser Fragen wird auf die Bemerkungen für die Union (S. 72) verwiesen. Da in Südwest kein allzu fühlbarer Wohnungsmangel besteht und man auch dort bei dem wär-

meren Klima mit einer primitiven Wohnungsgelegenheit sich längere Zeit behelfen kann, wird die Besorgung eines Unterkommens auch für Frau und Kinder meist keine allzu großen Schwierigkeiten bereiten und die Mitnahme der Familie in den meisten Fällen sich empfehlen. Doch ist eine Sicherstellung der Wohnungsfrage vor Ausreise dringend anzuraten. Mobiliar und größeres Gepäck mitzunehmen wird sich bei den noch immer sehr hohen Schiffsfrachten nicht empfehlen, zumal zahlreiche Möbel von den vielen Ausgewiesenen zurückgelassen werden mußten und für die nächste Zeit verhältnismäßig billig zu haben sein werden. An Kleidern und Wäsche sollte nicht nur leichtere Kleidung, sondern jedes vorhandene Stück mitgenommen werden, insbesondere auch wollene Decken und eine wollene Leibbinde, welch letztere bei den oft vorkommenden Darmkrankheiten in Südwest unentbehrlich ist. Schußwaffen und Munition für den eignen Bedarf einzuführen, ist zwar nicht untersagt, doch ist hierfür eine besondere Einfuhrerlaubnis nötig, die man sich gleichzeitig mit der Beschaffung des Einreisepermits am besten durch Hilfe eines Vertrauensmannes in Südwest besorgt. Es soll an dieser Stelle beiläufig bemerkt werden, daß die Ausübung der Jagd von der Protektoratsregierung erheblich erschwert worden ist. Es darf auf einen Jagdschein nur eine beschränkte Anzahl von Großwild geschossen werden, und die Jagdscheingebühren sind sehr hohe.

5. Persönliches Verhalten: Wie sich das Leben der Deutschen in Südwestafrika unter englischer Regierung gestaltet hat, ist bereits verschiedentlich hervorgehoben worden. Daß der deutsche Einwanderer ein guter Deutscher bleiben kann, wie es die Mehrzahl der ansässigen Deutschen geblieben ist, steht fest. Wenn er zunächst als Neuling im Lande einige Zurückhaltung im politischen Leben übt, so wird dies ratsam sein und ihm niemand verdenken. Hat er sich hinreichend eingelebt und mit den Verhältnissen vertraut gemacht, so wird man erwarten können, daß er an seinem Teile zur Erhaltung und Kräftigung des Deutschtums in der Kolonie beiträgt. Leuten, die da glauben, durch Verleugnung ihres Deutschtums und Beschimpfung der deutschen Zustände sich eine angenehmere Stellung in Südwest zu verschaffen, werden ziemlich sicher die Erfahrung machen, daß sie der verdienten Verachtung nicht nur der Deutschen, sondern auch der Engländer und Buren anheimfallen. Wegen der Ausführungen zu dieser Frage wird auf den gleichen Abschnitt über die Union und den Anhang unter V verwiesen. Ob sich im übrigen zugewanderte Deutsche in Südwestafrika in Zukunft wohl fühlen werden, wird hauptsächlich von der wirtschaftlichen Lage des Einzelnen und von seinen persönlichen Eigenschaften abhängen. Das Leben auf einer Farm wird den meisten Deutschen, insbesondere wenn auch die Frau in einen Farmbetrieb hineinpaßt, zusagen, falls sie in dem unabhängigen Leben in der freien Natur sich für das etwas

eintönige und nicht gerade abwechslungsreiche Dasein entschädigt fühlen. Die Lebensweise in den größeren Ortschaften entspricht im großen und ganzen der einer deutschen Kleinstadt, jetzt allerdings mit einem starken englischen Einschlag. Der immerwährende Sonnenschein in Südwestafrika trägt viel zu einer heiteren Gemütsverfassung der Bewohner bei und ist auch wohl der Grund, daß man selten Pessimisten im Lande antrifft. Alles in allem soll daher einem Auswanderungswilligen, der sich nach eingehender Prüfung selbst für geeignet für Südwestafrika hält, von einer Auswanderung selbst unter den derzeitigen Verhältnissen nicht abgeraten werden.

6. Vorbereitende Schritte in Deutschland: Da über die Besorgung der Einwanderungserlaubnis aus Windhuk meist Monate vergehen werden, hat der Auswanderungswillige, solange diese zeitraubende Einrichtung besteht, genügend Zeit, seine Pläne genauer in Deutschland noch zu überprüfen. Er wird diese Zeit dadurch gut ausnutzen können, daß er die neueste Auskunft über die ihn interessierenden Fragen beim Reichsauswanderungsamt oder gemeinnützigen Vereinigungen, wie sie im Anhang unter I aufgeführt sind, einholt. Auch das Studium der reichen Literatur über Südwestafrika sei dringend empfohlen. Wenn die Bücher auch nicht mehr den heutigen Verhältnissen gerecht werden, so werden sie doch manche wertvolle Kenntnis vermitteln. Wem sich Gelegenheit bietet, sich mit früheren Bewohnern aus Südwest, wie sie sich zahlreich in Deutschland jetzt aufhalten, zu besprechen, nutze solche aus! Gewarnt sei vor Schwindelagenten, die angeblich wertvolle Auskünfte oder Stellen gegen Entgelt anbieten. Nirgends blüht der Schwindel zurzeit mehr als auf dem Gebiete der Auswanderung, und es werden den armen Opfern Unsummen aus der Tasche gezogen. Vorläufig ist es überwiegend die Auswanderung nach südamerikanischen Ländern, die zum Gegenstand von Schwindeleien gemacht wird, aber auch die nach Süd- und Südwestafrika wird sicherlich von Schwindlern noch in stärkerem Maße ausgewertet werden. Auch sei vor Gesellschaften gewarnt, die Anteile an gemeinsamem Landbesitz ausbieten; jedenfalls erkundige man sich genau nach ihnen bei einwandsfreien Stellen. Eine South-African Farm & Trading Corporation (früher South African settlers Corporation) gibt z. B. einen derart bedenklichen Prospekt heraus, daß starke Zurückhaltung geboten erscheint.

14. Literatur.

Deutsch-Südwestafrika. Amtlicher Ratgeber für Auswanderer. Berlin 1912 (4. Aufl.). (Als „Ratgeber" kann das Büchlein nur noch mit großer Vorsicht Verwendung finden, doch enthält es auch jetzt noch manches Wissenswerte.)

Dinter: Deutsch-Südwestafrika. Flora. Land- und forstwirtschaftliche Fragmente.

Falkenhausen: Ansiedlerschicksale. Elf Jahre in Deutsch-Südwestafrika 1893—1904.
Frenßen: Peter Moors Fahrt nach Südwest (1911).
Golf: Ackerbau in Deutsch-Südwestafrika. Das Trockenfarmen und seine Anwendung.
Hennig: Deutsch-Südwestafrika im Weltkriege. 1919.
Kuhn, A.: Bericht über die Fischflußexpedition.
Kuhn, Dr. Ph.: Stabsarzt beim Oberkommando der Schutztruppen. Gesundheitlicher Ratgeber für Südwestafrika.
Külz, W.: Deutsch-Südafrika im 25. Jahre deutscher Schutzherrschaft.
Leutwein, Th., Generalmajor und Gouverneur a. D.: Elf Jahre Gouverneur in Deutsch-Südwestafrika. (Illustr., 589 S.)
Leutwein, Th.: Die Kämpfe mit Hendrik Witboi 1894 und Witbois Ende 1912.
Liliencron, A. von: Reiterbriefe aus Südwest.
Macco, A., Kgl. Berginspektor und Bergassessor: Die Aussichten des Bergbaues in Deutsch-Südwestafrika.
Meinhof, C.: Die Sprache der Herero in Deutsch-Südwestafrika. 1909. (114 S.)
Meinhof, C.: Grundzüge einer vergl. Grammatik der Bantusprachen. 1909.
Ostertag, R.: Das Veterinärwesen und Fragen der Tierzucht in Deutsch-Südwestafrika. Reisebericht mit vielen Abbild. 1912.
Passarge, Prof. Dr. S.: Die Kalahari. (Text und Atlas.)
Passarge, Prof. Dr. S.: Die Buschmänner der Kalahari. (114 S., 2 Tafeln, 24 Abbild. und 1 Karte.)
Rohrbach, Dr. P.: Aus Südwestafrikas schweren Tagen.
Rohrbach, Dr. P.: Deutsche Kolonialwirtschaft. I. Südwestafrika.
Schinz, Dr. H.: Deutsch-Südwestafrika, Forschungsreisen.
Schlettwein, C.: Der Farmer in Südwestafrika.
Schlettwein, C.: Farmwirtschaftliche Probleme in Südwestafrika (1920).
Schnee: Deutsches Koloniallexikon. 3 Bde.
Schroeder-Stranz: Südwest. Kriegs- u. Jagdfahrten. 1910.
Schultze, Prof. Dr. L.: Aus Namaland und Kalahari.
Schwabe, K.: Mit Schwert und Pflug in Deutsch-Südwestafrika. Vier Kriegs- und Wanderjahre. (Illustr., 514 S.)
Schwabe, K.: Im deutschen Diamantenlande. 1909.
Seidel, A.: Prakt. Grammatiken der Hauptsprachen Deutsch-Südwestafrikas. I. Nama. II. Otjiherero. III. Oshindonga (Sprache des Ndonga-Stammes der Ovambo).
Seiner, Franz: Bergtouren und Steppenfahrten im Hererolande. (Illustr., 278 S.)
Seiner, F.: Die wirtschaftsgeographischen und politischen Verhältnisse des Caprivizipfels.

Seitz: Südafrika im Weltkriege.
Sternfeld, Dr.: Die Reptilien und Amphibien von Deutsch-Südwestafrika. 1911.
Streitwolf, H.: Der Caprivizipfel. Mit 38 Abbild. und 5 Karten 1911.
Tönjes, H.: Ovamboland. Land — Leute — Mission. Mit vielen Abbild. 1911.

Karten.

Deutsch-Südwestafrika. 1 : 2 000 000. Bearbeitet von Paul Sprigade und Max Moisel. 2. verbesserte und vermehrte Auflage 1912. Mit ausführlichem Namensverzeichnis.
Besitzstandskarte von Deutsch-Südwestafrika in 3 Blättern. Stand am 1. Oktober 1911. Bearbeitet im Bureau der Kaiserlichen Landesvermessung. 1 : 800 000.

Zeitungen und Zeitschriften.

Allgemeine Zeitung — Windhuk.
Landeszeitung — Windhuk.
Swakopmunder Zeitung — Swakopmund.
Lüderitzbuchter Zeitung — Lüderitzbucht.
Mitteilungen der Farmwirtschaftsgesellschaft — Windhuk.

(Der Bezugspreis der Zeitungen ist auf englische Währung gestellt, ebenso der Anzeigenpreis. Bezug der Zeitungen in Deutschland und Aufgabe von Anzeigen in den Blättern von Deutschland aus macht daher hohe Kosten!)

D. Süd-Rhodesien.

A. Siedlungsmöglichkeiten.

Rhodesien, dieser gewaltige Länderkomplex zwischen Angola und Mozambique, Transvaal und Belgisch-Congo, ist eine Schöpfung des großen Mehrers englischer Macht in Südafrika, Cecil Rhodes. Das Land zerfällt in zwei getrennte, von einander unabhängige Verwaltungen, Nord- und Süd-Rhodesien, die von der British South Africa Company, einer von der britischen Regierung mit Vollmachten ausgestatteten Privatgesellschaft wahrgenommen werden. Die Regierung der südafrikanischen Union hat keinen Einfluß auf die Verwaltung Rhodesiens.

Die Gesamtbevölkerung Rhodesiens wurde für 1919 geschätzt auf 40 000 Europäer, 1 650 000 Eingeborene und 3000 Asiaten. Der Fläche nach ist Rhodesien mit 438 575 square miles annähernd so groß wie die Union; auf Süd-Rhodesien kommen davon 148 575 oder rund 46 Millionen Hektar. Von diesen 46 Millionen sind 11½ Millionen Eingeborenenreservate, etwa 3—4 Millionen sind in Privatbesitz, während der Rest noch verfügbares Regierungsland ist.

Nord-Rhodesien kann bei der weiteren Behandlung ausscheiden, da es wegen seines tropischen und recht ungesunden Klimas und seiner noch völligen Unerschlossenheit für Seßhaftmachung von Weißen vorläufig wenig in Frage kommt.

Süd-Rhodesien dagegen ist ein recht gut für Weiße geeignetes Siedlungsland und hat es seit dem Beginn der Besiedlung vor etwa 25 Jahren bereits auf 37 000 weiße Bewohner gebracht. Die Einwanderer stammen in der Hauptsache aus England selbst, im übrigen aus der Union, doch sind Burenansiedler nicht gerne in Südrhodesien gesehen. Wenn Südrhodesien auch eine Anzahl Bergwerke, insbesondere Goldbergwerke, aufzuweisen hat, so beruhen doch seine Zukunftsaussichten ebenso wie die der Union und Südwestafrikas hauptsächlich auf der Landwirtschaft. Viehzucht, insbesondere Rindviehzucht, und Ackerbau, insbesondere Maisanbau, bieten gute Aussichten in Südrhodesien, das in seinen östlichen Landesteilen durch einen ausreichenden Regenfall ausgezeichnet ist.

Die British South Africa Company (meist Chartered Company genannt) gibt Land an Neusiedler ab, wenn sie den Besitz eines Betriebskapitals von etwa 1000 £ nachweisen; sie will keine unbemittelten Leute als Ansiedler haben, wenigstens versucht sie mit allen Kräften die Niederlassung von poor whites aus der Union zu verhindern.

Die Farmgrößen bemißt die Kompanie auf ungefähr 600 Hektar, wenn ein Teil der Farm Ackerbaumöglichkeiten bietet; reine Weidefarmen werden bis zu 3000 Hektar bemessen.

Der Kaufpreis für unerschlossenes Land beträgt im Durchschnitt ungefähr 15 sh pro Hektar, er variiert jedoch nach der näheren oder entfernteren Lage der Farm von der Bahn und von Absatzmärkten. Der von der Chartered Company festgesetzte Landpreis entspricht ungefähr dem wirklichen Marktwerte.

Die Farmen werden nicht von vornherein verkauft, sondern der Bewerber erhält zunächst nur die Erlaubnis, sich auf die Farm zu setzen. Und zwar muß er die Farm entweder selbst beziehen oder einen der Kompanie genehmen weißen Verwalter halten. Er kann die Farm unter Voraussetzung dauernder ordnungsmäßiger Bewirtschaftung zu dem bei der Erlaubnis zur Niederlassung normierten Preise kaufen, und zwar

1. im Falle persönlicher Bewirtschaftung
   a) wenn er von je 100 ha der Farm 3 ha unter Kultur gebracht hat, oder
   b) wenn er die Farm mit 3 Stück Rindvieh oder 15 Stück Kleinvieh auf je 100 ha bestockt hat, oder
   c) wenn er Farmgebäude errichtet hat oder andere dauernde Verbesserungen vorgenommen hat,
   d) wenn er Investierungen der verschiedenen vorgenannten Arten im angemessenen Verhältnis vorgenommen hat.
2. im Falle der Bewirtschaftung durch einen weißen Verwalter
   a) wenn dieselben Bedingungen wie unter Nr. 1 erfüllt sind und außerdem
   b) wenn 8 km der Farm eingezäunt sind, oder
   c) 3000 Forstbäume oder 300 Obstbäume gepflanzt und erhalten sind, oder
   d) wenn 100 ha Land mindestens seit 2 Jahren unter Kultur genommen sind.

Der Kaufpreis kann in bar oder in Raten, die bis zu 10 Jahren erstreckt werden können, gezahlt werden. Vor völliger Zahlung des Kaufpreises wird jedoch kein Eigentum übertragen.

Bis zum Abschluß eines Kaufvertrages gilt der Inhaber der Farm als ein Treuhänder der Kompanie und hat jährlich 6 v. H. des von vornherein normierten Kaufpreises zu zahlen. Dieses Verhältnis dauert zunächst 5 Jahre, wenn nicht inzwischen ein Kaufvertrag geschlossen wird, und kann auf weitere 5 Jahre verlängert werden.

Die Kompanie betreibt jedoch nicht nur die Ansetzung von einzelnen Siedlern, sondern hat auch große kapitalkräftige Gesellschaften, die Rinderzucht im Großen betreiben wollen, wie z. B. die Liebig-Kompanie und einige amerikanische Gesellschaften, ins Land gezogen und ihnen große Komplexe gegen Auflage von Bestockungsbedingungen verkauft. Auch die Chartered Company selbst betreibt Rindviehzucht im großen Maßstabe. Die Unterstützungen, die die Verwaltung den Ansiedlern zu Teil werden läßt, sind keine erheblichen und mit denen der Union nicht zu vergleichen.

Den von überseeischen Ländern kommenden Ansiedlern gewährt die Kompanie auf ihren Bahnen freie Fahrt 2. Klasse und auf den Unionsbahnen halbe Fahrpreise und Gepäckermäßigungen. Ferner werden den Landbewerbern Farmen, die die Kompanie im einzelnen Falle für geeignet hält, möglichst ohne Kosten gezeigt.

Eine Landbank besitzt Rhodesien seit einigen Jahren. Sie gibt Darlehen gegen erste Hypothek zu 6 v. H., die spätestens in 10 Jahren zurückzuzahlen sind.

Für Wassererschließung tut die Kompanie außer Beratschlagung der Farmer nichts.

Die Kompanie betreibt eine ausgedehnte großzügige Propaganda zur Förderung der Ansiedlung und unterhält große Büros in Capstadt und London.

Die Verwaltung Südrhodesiens war schon vor dem Kriege deutschen Einwanderern nicht besonders günstig gesinnt, und es kann jetzt nach dem Kriege Deutschen kaum geraten werden, dort sich seßhaft zu machen, zumal die wirtschaftlichen Aussichten für einen Deutschen in der Union oder Südwestafrika nicht ungünstiger sein dürften. Will jemand den Versuch machen, nach Südrhodesien auszuwandern, so vergewissere er sich zunächst bei der „Rhodesian Information Office, 138 Strand W. C. 2 London" darüber, ob er als Einwanderer genehm ist.

Für die Einreise als solche würde das Visum eines englischen Konsulats in Deutschland genügen; als Zugangshäfen kommen in erster Linie Kapstadt und Beira in Frage; bei einer Landung in Beira wäre auch ein portugiesisches Visum erforderlich. Auch nach Beira bieten die im Deutschen Afrika-Dienst vereinigten Reedereien (Woermann Linie A.-G., Deutsche Ost-Afrika-Linie, Hamburg-Amerika Linie (Afrika-Dienst), Hamburg, Bremer Afrika-Linie) Fahrgelegenheit.

Anhang.

I. Wer erteilt zuverlässige Auskunft an Auswanderer in Deutschland, und wer vermittelt Stellen nach dem Ausland?

Das Reichsamt für deutsche Einwanderung, Rückwanderung und Auswanderung (Reichswanderungsamt) Berlin, Luisenstr. 31a, kommt an erster Stelle für eine zuverlässige Beratung Auswanderungswilliger in Betracht. Es erteilt kostenlos mündlich und schriftlich Auskunft auf Grund zuverlässigen amtlichen Materials, unterhält eine Reihe von Zweigstellen und gibt halbmonatlich das „Nachrichtenblatt des Reichsamts für deutsche Einwanderung, Rückwanderung und Auswanderung" heraus, das fortlaufend die neuesten Mitteilungen über fremde Länder bringt und bei jeder Postanstalt bestellt werden kann.

Im übrigen wird wegen Auskunftserteilung und Stellenvermittelung auf die nachstehenden Listen verwiesen:

a) Auskunft an Auswanderungslustige erteilen:

(Die Liste enthält nur amtliche oder vom Reichswanderungsamte anerkannte gemeinnützige öffentliche Auskunftsstellen.)

Abkürzungen: RWA. = Zweigstelle des Reichswanderungsamts; CV. = Sekretariat des Caritas-Verbandes.

Augsburg: CV., Jesuitengasse. F. 412.

Bamberg: CV., Karolinenstr. 10.

Berlin: Reichsamt für deutsche Einwanderung, Rückwanderung und Auswanderung (Reichswanderungsamt), Berlin NW. 6, Luisenstr. 31a.

Evangel. Fürsorgestelle für Auswanderer, Alte Jakobstr. 129. CV. Berlin S. 14, Inselstr. 13.

Auskunftsabteilung der Vereinigung für deutsche Siedlung und Wanderung und des Vereins für das Deutschtum im Ausland, Berlin W. 35, Am Karlsbad 29II.

Auslandsbund deutscher Frauen, Ortsgruppe Berlin W 30, Motzstraße 90 I.

Internat. Christl. Kellnerbund, Berlin NW. 7, Albrechtstraße 17.

Berlin-Dahlem: Evangel. Verband für die weibliche Jugend Deutschlands, Friedbergstr. 25—27.

Berneck (Oberfranken): Landesverein für innere Mission in der Ev.-Luth. Kirche Bayerns.

Bielefeld: RWA., Zastrowstr. 29. — Betheler Anstalten, Bethel bei Bielefeld.

Bochum: CV., Blücherstr. 36a.

Braunschweig: RWA., Hagenmarkt 12.
Bremen: RWA., Bahnhofstr. 30/31. — Evangel. Auswanderermission, Georgstr. 22. — CV., Falkenstr. 49.
Bremerhaven-Geestemünde: Evangel. Seemannsmission.
Breslau: RWA., Kaiser Wilhelmplatz 20 (Oberbergamt, Erdgeschoß). — CV., An der Kreuzkirche 5.
Evangel. Zentralstelle, Altbüßerstr. 6/9 — Predigerg. 2.
Buer i. W.: CV., Brinkgartenstr. 11.
Coblenz: CV., Neustadt 20.
Cöln a. Rh.: RWA., Breitestr. 78. — CV., Steinfeldergasse 16. — Verband kath. Gesellenvereine, Norbertstr. 12.
Dessau: Bund der Auslanddeutschen, Askanischestr. 133. — Landesverein Anhalt des Internat. Vereins der Freundinnen junger Mädchen.
Dortmund: CV., Mühlenstr. 11a.
Dresden: RWA., Dresden-A. I, Friesengasse 6. — Landesverein für innere Mission, Dresden-A., Ferdinandstr. 16.
Düren (Rhld.): CV., Steinweg 6.
Düsseldorf: RWA., Ständehaus. — CV., Neustr. 16.
Elberfeld: RWA., Kl. Klotzbahn 12. — Evangel. Gesellschaft für die protestantischen Deutschen in Südamerika, Augustastraße 79.
Erfurt: RWA., Futterstr. 7.
Essen (Ruhr): RWA., Beuststr., beim Städt. Arbeitsamt. — CV., Rottstr. 47. — Verband kath. kaufmänn. Vereinigungen Deutschlands EV., Rüttenscheiderplatz 10. — Zweigfürsorgestelle, Lindenallee 5.
Frankfurt a. M.: RWA., Kaiserstr. 79II. — CV., Alte Mainzergasse 45.
Freiburg i. B.: Raphaelsverein zum Schutze kath. deutscher Auswanderer EV. — Reichsverband für die kath. Auslandsdeutschen. — Zentralstelle des Caritas-Verbandes für das kath. Deutschland, zugleich RWA., Belfortstr. 18/20.
Halle a. Saale: RWA. beim städt. Arbeitsamt.
Hamborn: Städt. Auskunftsstelle für Auswanderer.
Hamburg: RWA., Holzbrücke 9. — CV., Große Reichenstr. 52. — Ev.-luth. Auswanderer-Mission, Behnstr. 14. — Hamburger Auswandererhilfe EV., Große Allee 30. — Auslandsabteilung des Kaufmänn. Vereins von 1858, Büschstraße 4.
Hamm i. W.: CV., Oststr. 53/59.
Hannover: RWA., Mendelssohnstr. 30 — CV., Klemmenstr. 5.
Heidelberg: Internat. Verein der Freundinnen junger Mädchen, Deutscher Nationalverein, Werderstr. 72. — Evangel. Verein, Friedrichstr. 8B.
Heldrungen (Thür.): Thüringer Konferenz für Innere Mission.
Hildesheim: CV., Vorderer Brühl 16.

Kaiserswerth a. Rh.: Kaiserswerther Anstalten.
Karlsruhe i. B.: CV., Blumenstr. 3.
Kiel: Bund der Auslandsdeutschen, Gr. Kuhberg 26.
Königsberg i. Pr.: Ostpreuß. Provinzialverein für Innere Mission, Ziegelstr. 7.
Konstanz: CV., Brückengasse 1.
Langenberg (Rhld.): Rhein. Provinzialausschuß für Innere Mission.
Leipzig: RWA., Friedrich-Karlstr. 22. — Verein für Innere Mission, Roßstr. 14.
Ludwigshafen a. Rh.: CV., Kaiser Wilhelmstr. 15.
Lübeck: Wohlfahrtsamt, Untertrave 104.
Magdeburg: RWA., Kaiserstr. 48.
Mainz: CV., Pfaffengasse 17.
Mannheim: RWA., Schloß, Östl. Flügel 30. — CV., K. I, 16. — Zweigfürsorgestelle des Evangel. Hauptvereins. — Verband berufstätiger Frauen, O. 7, 13p.
München: RWA., Salvatorstr. 19. — CV., Türkenstr. 98.
München-Gladbach: CV., Kirchplatz 8.
Nürnberg: RWA., Pfannenschmiedgasse 24 I. – CV., Luitpoldstr. 5.
Osnabrück: CV., Johannisfreiheit 7.
Paderborn: CV., General-Vikariat.
Regensburg: CV., Kallmünzergasse, Erhardthaus.
Schildau (Bez. Halle): Verband früherer und gegenwärtiger Auslandspfarrer.
Stettin: RWA., Roßmarkt 4. — Evangel. Auswanderermission, Elisabethstr. 69.
Stuttgart: Deutsches Auslands-Institut, zugleich RWA., Neues Schloß, Nordflügel. — CV., Weißenburgstr. 13. — Evangel. Stadtmission, Ob. Bachstr. 39.
Trier: CV., Windstr. 17.
Witten (Ruhr): Provinzialausschuß für Innere Mission.
Wittenberg: Frauenhilfe fürs Ausland EV., Katharinenstift.
Witzenhausen (Werra): Evangel. Hauptverein für deutsche Ansiedler und Auswanderer EV., zugleich RWA.
Würzburg: Städt. Auswanderer-Beratungsstelle.

b) Mit Stellenvermittelung nach dem Auslande (außer Auskunfterteilung) befassen sich:

1. Die Auskunftsabteilung der Vereinigung für deutsche Siedlung und Wanderung und des Vereins für das Deutschtum im Auslande Berlin W. 35, Am Karlsbad 29.
2. Das deutsche Auslandsinstitut in Stuttgart.

   (Die Stellenvermittelung der beiden Anstalten kommt hauptsächlich für Angehörige der freien Berufe in Betracht.)
3. Kaufmännischer Verein von 1858 in Hamburg 36, Büschstr. 4.
4. Verband deutscher Handlungsgehilfen zu Leipzig.
5. Deutschnationaler Handlungsgehilfenverband, Hamburg, Holstenwall 3—5.

   (Vermitteln kaufmännische Stellungen im Ausland).

6. Der Technische Zweckverband in Auslands- und Auswanderungsfragen. Charlottenburg, Fasanenstr. 13 (nur für Techniker).
7. Verein deutscher Ingenieure, Berlin, Sommerstr. 4a.
8. Verband der Ärzte Deutschlands, Leipzig, Dufourstr. 18.
9. Verband der Kolonial- und Auslandärzte Berlin, Schönebergerufer 3.
10. Zentralstelle für Stellenvermittelung des Bundes der Auslandsdeutschen EV. in Leipzig, Inselstr. 26 (hauptsächlich auf dem Gebiete von Handel und Industrie).
11. Frauenbund der deutschen Kolonialgesellschaft (für weibliche Auswanderer nach Südwestafrika) Berlin W. 35, Am Karlsbad 10.
12. Frauenverein vom Roten Kreuz für Deutsche über See (Beratung und Aussendung von Krankenschwestern) Berlin-Halensee, Nestorstr. 14.

2. Was muß der Auswanderer über Steuer-, Paß- und Geldverhältnisse wissen.

(Dem Merkblatt Nr. 13 des Reichswanderungsamts entnommen.)

Wer auswandern will, hat zunächst seinen steuerlichen Verpflichtungen nachzukommen. Nach § 1 des Steuerfluchtgesetzes vom 26. 7. 1918 bleiben Angehörige des Deutschen Reiches, wenn sie ihren dauernden Aufenthalt im Inlande aufgeben, für die Geltungsdauer dieses Gesetzes, d. h. bis zum Schlusse des dritten Jahres nach Ablauf desjenigen Jahres, in dem der Krieg mit allen Großmächten beendet ist, der inländischen Steuerpflicht in Beziehung auf die Personalsteuern sowohl des Reiches wie der Bundesstaaten unterworfen. Nach § 4 des gleichen Gesetzes hat jeder Steuerpflichtige — und zwar auch derjenige, der kein Vermögen besitzt — mindestens einen Monat vor der Aufgabe des dauernden Aufenthalts im Inlande dem für den Ort seines Wohnsitzes oder gewöhnlichen Aufenthalts zuständigen Finanzamt als Steuerbehörde von der beabsichtigten Aufgabe des Aufenthalts Anzeige zu erstatten und eine Erklärung über seine Vermögensverhältnisse beizufügen. Die Erklärung ist unter der Versicherung abzugeben, daß die Angaben nach bestem Wissen und Gewissen gemacht sind. Hierauf teilt die Steuerbehörde dem Steuerpflichtigen mit, ob seine inländische Steuerpflicht fortdauert und er eine Sicherheit zu leisten hat oder nicht.

Gemäß § 20 des angegebenen Gesetzes dürfen steuerfrei auswandern:

1. Personen, deren Vermögen nicht 30 000 M. übersteigt,
2. Personen, die erst nach Beendigung des Krieges mit allen Großmächten ihren dauernden Aufenthalt im Inlande genommen haben, schließlich unter bestimmten Bedingungen auch
3. die Auslandsdeutschen.

Als solche gelten nach einer Verfügung des Reichsministers der Finanzen auch diejenigen Personen, welche aus Anlaß des Krieges aus den deutschen Schutzgebieten nach Deutschland zurückgekehrt sind und sich wieder an ihren früheren Wohnsitz oder Aufenthaltsort begeben wollen.

Es empfiehlt sich, auf das Bestehen solcher Befreiungsgründe schon in der zuerst erwähnten Anzeige an die Steuerbehörde hinzuweisen.

Auch diese von der fortdauernden Steuerpflicht befreiten Personengruppen sind zur Auswanderungsanzeige an das Besitzsteueramt verpflichtet. Die Beifügung einer Vermögenserklärung obliegt aber nur denjenigen Personen, für die Steuerbefreiung lediglich aus dem Grunde in Frage kommt, weil ihr Vermögen 30 000 M. nicht übersteigt.

Auf Antrag kann Freistellung von der Fortdauer der Steuerpflicht erfolgen, wenn die Auswanderung im deutschen Interesse liegt oder wenn die Ablehnung des Antrages eine außergewöhnliche Härte darstellen würde.

Über den Antrag entscheidet das Landesfinanzamt. Gegen dessen Entscheidung steht dem Steuerpflichtigen die Beschwerde an den Reichsfinanzhof zu (§ 456 der Reichsabgabenordnung).

Der Steuerpflichtige erhält von dem Besitzsteueramt einen Ausweis darüber, ob er seinen Steuerpflichten nachgekommen ist (Unbedenklichkeitserklärung).

Die von nicht steuerfreien Auswanderungswilligen zu leistende Sicherheit beläuft sich auf 20 bis 50 vom Hundert des Vermögens.

Durch vorstehende Bestimmungen werden die weitergehenden Vorschriften der Reichs- und Landessteuergesetze nicht berührt. So sieht z. B. das Reichs-Einkommensteuergesetz vom 29. 3. 1920 allgemein die Fortdauer der Einkommensteuerpflicht noch 2 Jahre nach Aufgabe des Aufenthalts- und Wohnsitzes im Inlande vor. Jedoch kann auch hier auf Antrag Freistellung von der Einkommensteuerpflicht erfolgen, wenn die Auswanderung im deutschen Interesse liegt oder die Ablehnung des Antrages eine außergewöhnliche Härte darstellen würde.

Lediglich die Auslandsdeutschen im Sinne des § 20 Abs. 2 Nr. 3 des Steuerfluchtgesetzes sind vom Zeitpunkt der Rückkehr ins Ausland ab von der Einkommensteuer befreit.

Jeder über 12 Jahre alte Auswanderer bedarf sodann zum Verlassen des Reichsgebiets eines Passes und eines deutschen Sichtvermerks. Paß und Sichtvermerk werden auf Antrag von der für den Wohnsitz des Auswanderers zuständigen Sichtvermerksbehörde (Polizeibehörde, Landratsamt) ausgestellt. Für Kinder unter 12 Jahren ist nach den deutschen Paßvorschriften zum Grenzübertritt ein von einer zur Führung eines Dienstsiegels befugten deutschen Behörde ausgestellter Ausweis über Name, Alter und Wohnort erforderlich und ausreichend. Familienpässe werden nicht erteilt.

Die Ausstellung von Paß und Sichtvermerk erfolgt nur, wenn

der Reise keine gesetzlichen Hindernisse (z. B. Vorliegen eines Haftbefehls gegen den Gesuchsteller) entgegenstehen und die Reise nicht eine Gefahr für die öffentliche Sicherheit bedeutet. Schließlich ist zwecks Erlangung des Passes und des Sichtvermerks die oben erwähnte Unbedenklichkeitserklärung der Steuerbehörde erforderlich. Minderjährige bedürfen der Einwilligung des gesetzlichen Vertreters.

Für Berlin bedarf es noch einer Paßvorbescheinigung des Polizeireviers der Wohnung.

Außerdem werden 2 Paßbilder benötigt (nicht aufgezogene Aufnahmen von vorn und ohne Kopfbedeckung aus neuester Zeit). Gruppenbilder dürfen nicht verwandt werden, ebensowenig solche, die bereits einen Stempelaufdruck tragen. Es ist zu empfehlen, sich für die Reise mit einem weiteren halben Dutzend solcher Bilder zu versorgen.

Der Beibringung von Bescheinigungen über das Militärverhältnis des Auswandernden bedarf es gegenwärtig nicht.

Die Gebühren für Ausstellung eines Auslandspasses betragen 25.— M., für einen einfachen Ausreisesichtvermerk 15.—. Indessen sind die Länder ermächtigt worden, diese Gebühren für bedürftige Paßgesuchsteller, insbesondere für mittellose Auswanderer zu ermäßigen oder zu erlassen. Entsprechende Bestimmungen sind von den Ländern erlassen worden.

Um ungehindert in das Land zu kommen, in das der deutsche Auswanderer einwandern will, muß er noch die Einwanderungserlaubnis für dieses Land haben. Diese erhält er in der Form, daß der konsularische Vertreter des Ziellandes in Deutschland auf den Auslandspaß sein Visum setzt. Ist jedoch eine besondere Einreiseerlaubnis, wie z. B. gegenwärtig für Südwestafrika, vorgeschrieben, so ist deren Beschaffung außer dem Visum notwendig.

Außer dem Einreisesichtvermerk des Ziellandes ist ein Durchreisesichtvermerk jedes der in Frage kommenden Durchreiseländer erforderlich.

Bei dem Konsulat des jeweiligen ersten Durchfahrtslandes, z. B. Holland, Dänemark, Norwegen wird hierzu die gleichzeitige Vorlegung der Schiffskarte verlangt.

Es muß dringend davor gewarnt werden, die Reise anzutreten, ohne im Besitz der Einreiseerlaubnis zu sein oder sich die Gewißheit für ihre Erlangung durch Anfrage bei dem deutschen Konsulat an dem Sitz der in Betracht kommenden Vertretung im neutralen Ausland verschafft zu haben. Auswanderer, die sich ohne Beachtung dieser Vorsichtsmaßregel und ohne erhebliche Barmittel in ein Durchreiseland (Holland, Italien) begeben, um dort an Ort und Stelle die Entscheidung abzuwarten, setzen sich der Gefahr aus, während der langen Wartezeit infolge der teuren Lebensverhältnisse bei dem Tiefstand der deutschen Währung bald durch Mittellosigkeit zur Heimkehr genötigt zu werden, sofern sie nicht schon die Versagung der Einreiseerlaubnis in ihr Zielland dazu zwingt.

In Form inländischer oder ausländischer Zahlungsmittel dürfen innerhalb eines Kalendermonats höchstens 3000 M. von einer Person in das Ausland mitgenommen werden. (Nicht unter diese Bestimmung fallen diejenigen Barmittel, über welche die Reisenden gemäß den Vorschriften der afrikanischen Landesbehörden bei Ankunft im Bestimmungshafen verfügen müssen (für Südafrika z. B. £ 25.—.—) sofern solche bei der Passage-Abteilung der Woermann-Linie A. G. und Deutschen Ost-Afrika-Linie eingezahlt werden, um durch die betreffende Hafenagentur nach erteilter Landungserlaubnis den Reisenden zurückerstattet zu werden.) Die Genehmigung zur Mitnahme von mehr als 3000 M. wird durch das Finanzamt, in dessen Bezirk der Auswandernde seinen Wohnsitz oder dauernden Aufenthalt hat, erteilt. Die Umwechslung deutschen in ausländisches Geld erfolgt am besten bei einer Bank. Die Ermittelung des Wertes von Beträgen in ausländischer Währung erfolgt zum Tageskurs.

Größere Beträge sind durch Vermittlung einer Bank nach dem Auslande zu überweisen.

3. Welches sind die zuständigen britischen Konsulate für Erteilung des Paßvisums?

Die Generalkonsulate in Berlin, Hamburg, Cöln, Frankfurt a. M., München; die Konsulate in Bremen, Leipzig, Mainz; die Vize-Konsulate in Bremerhaven, Emden, Hannover, Essen (Ruhr), Stettin.

4. Welche Bestimmungen gelten für die Mitnahme von Reisegepäck und Ausfuhr von Umzugsgut und Waren?

(Dem Merkblatt Nr. 25. des Reichswanderungsamts entnommen.)

1. Umzugsgut ist ausfuhrfrei und zwar in dem Umfange, in dem die Zollstellen bei der Einfuhr gemäß § 6 Absatz 4 des Zolltarifs zur zollfreien Ablassung befugt sind. Danach sind zollfrei gebrauchte Gegenstände von Auswanderern zur eigenen Benutzung, gebrauchte Maschinen zur Benutzung im Gewerbe- und Landwirtschaftsbetriebe jedoch nur ausnahmsweise auf besondere Erlaubnis.

Die Entscheidung, was als Umzugsgut anzusehen ist, obliegt den Zollstellen. Es liegt deshalb im Interesse der Auswanderer, sich rechtzeitig mit der Zollstelle in Verbindung zu setzen, um festzustellen, was von den mitzunehmenden gebrauchten Gegenständen nicht als Umzugsgut angesehen werden kann. Wegen dieser Gegenstände ist dann eine Ausfuhrbewilligung bei dem Reichskommissar für Aus- und Einfuhrbewilligung, Berlin W. 10, Tiergartenstraße 31, zu beantragen.

Die Zollabfertigung von Umzugsgut kann von jeder Zollstelle vorgenommen werden. Das Umzugsgut wird alsdann nach erfolgter Abfertigung dem Grenzausgangsamt zur Schlußabfertigung überwiesen.

2. Ausstattungsgut. Die Ermächtigung zur Ausfuhr von Umzugsgut ohne besondere Ausfuhrbewilligung erstreckt sich auch auf die als Ausstattungsgegenstände, Braut- oder Hochzeitsgeschenke ausgehenden neuen Sachen, sofern sie für Inländer oder länger als zwei Jahre im Inlande wohnhaft gewesene Ausländer bestimmt sind, die aus Anlaß ihrer Verheiratung mit einer im Auslande wohnhaften Person ihren Wohnsitz nach dem Auslande verlegen. Ein Nachweis, daß es sich um Ausstattungsgut handelt, ist der Zollstelle durch Vorlage einer amtlichen Bescheinigung zu erbringen.

3. Für Handfeuerwaffen und Munition ist in allen Fällen eine Ausfuhrbewilligung erforderlich.

4. Für neu angekaufte Sachen (soweit sie nicht unter Ziffer 2 fallen) ist eine Ausfuhrbewilligung erforderlich.

5. Nahrungs- und Genußmittel, unverarbeitete Gespinste, sowie sonst zur weiteren Verarbeitung bestimmte Erzeugnisse, Rohstoffe aller Art, sowie Tiere unterliegen den für sie jeweils geltenden Bestimmungen. Für die Mitnahme größerer Mengen Lebens- und Futtermittel, wie für die Mitnahme von lebendem Vieh ist die Genehmigung der Ernährungsabteilung des Reichswirtschaftsministeriums Berlin, Mohrenstraße 11-12, einzuholen.

6. Als Reisegepäck werden ohne Bewilligung zur Ausfuhr zugelassen Gebrauchsgegenstände aller Art, auch neue, die der Reisende zum persönlichen Gebrauch während der Reise, nicht aber für den späteren Gebrauch im Ausland benötigt. Die Kontrolle des Reisegepäcks erstreckt sich nach der jetzigen Übung besonders auch auf Bücher, photographische Apparate, Ferngläser usw. Es ist deshalb anzuraten, für solche Gegenstände, welche nicht zum notwendigen persönlichen Gebrauch gehören, Ausfuhrbewilligung zu beantragen. Bei einer der Zollstelle vorgelegten amtlichen Bescheinigung, daß der Reisende die gebrauchten Gegenstände als Umzugsgut mit sich führt, würde die Bewilligung sich erübrigen.

In allen Fällen, in denen eine Ausfuhrbewilligung erteilt wird, ist die Erhebung einer Reichsabgabe und einer Gebühr vorgeschrieben, deren Erlaß oder Ermäßigung in besonderen Fällen durch den Reichswirtschaftsminister und den Reichsfinanzminister angeordnet werden kann.

Bei Rück-Auswanderern kann die Abgabe auf Antrag von der die Bewilligung erteilenden Stelle dann erlassen werden, wenn Gegenstände aus dem Auslande zum vorübergehenden Gebrauch oder zur Reparatur eingegangen sind und wieder ausgeführt werden.

Die Grenz- bezw. Abfertigungszollstellen können eine Bescheinigung von der zuständigen Steuerstelle darüber verlangen, daß die fälligen Staatssteuern bezahlt worden sind. Es empfiehlt sich daher, dem Frachtbrief eine derartige Bescheinigung beizufügen.

Schließlich sei darauf hingewiesen, daß nach dem Gesetz über Einsiegelung von Schriften, Drucksachen, Wertpapieren und Zahlungsmitteln beim Grenzübertritt nach dem Ausland vom 1. 3. 1919 (R.G.Bl. S. 265) Schriften usw. nur dann über die Reichsgrenzen mitgenommen werden dürfen, wenn sie vor dem Grenzübertritt von einer dafür zuständigen Stelle geprüft und eingesiegelt worden sind. (Zuständig sind die Postüberwachungs- und Postprüfungsstellen, sowie die sonstigen von den Landeszentralbehörden bezeichneten Stellen.)

Die Grenzüberwachungsstellen sind befugt, die Mitnahme nicht eingesiegelter Schriften und Drucksachen, die ihnen vor dem Beginne der Grenzabfertigung von den Reisenden vorgelegt werden, zu gestatten, wenn es ihnen ohne wesentliche Verzögerung der Abfertigung anderer Reisenden möglich ist, zu prüfen, ob darin keine Verfügungen über Vermögenswerte enthalten sind, die den Verdacht der Steuer- oder Kapitalflucht begründen.

Die Mitnahme nicht eingesiegelter Wertpapiere und Zahlungsmittel ist jedoch unbeschränkt zulässig, sofern die hierfür nach den bestehenden Bestimmungen erforderlichen Bescheinigungen vorgelegt werden, oder ihre Verbringung ins Ausland ohne solche Bescheinigung zulässig ist.

Zur Vermeidung von Schwierigkeiten bei der Grenzabfertigung empfiehlt es sich für Auswanderer, die Schriften und Drucksachen, deren Mitnahme sie wünschen, nach den Vorschriften des erwähnten Gesetzes einsiegeln zu lassen.

5. Die Pflichten des deutschen Auswanderers im Ausland.

(Im wesentlichen dem Merkblatt Nr. 38 des Reichswanderungsamts entnommen.)

Es ist erklärlich, daß mit dem Wiedereinsetzen unserer Auswanderung die Kritik der Einwanderungsländer an den deutschen Auswanderer herantritt und ihn scharf unter die Lupe nimmt. Der Deutsche hat hierbei insofern einen schweren Stand, als durch die Wirkung der Kriegspropaganda in Wort, Schrift und Bild das deutsche Ansehen in vielen Ländern des Auslands bedauerlicherweise stark gesunken ist. Der Deutsche stößt deshalb draußen vielfach auf eine Menge unberechtigter Vorurteile.

Leider haben aber nicht alle bisher ausgewanderten Deutschen auch vor der berechtigten Kritik des Auslandes gut abgeschnitten; denn mehrfach sind durch die Presse Mitteilungen aus fremden Ländern gegangen, in denen über das Verhalten mancher deutschen Auswanderer im Einwanderungsland in beschämender Weise Beschwerde erhoben wird.

Wollen wir den aus Mißgunst entsprungenen unberechtigten Vorurteilen neue Nahrung geben?

Die Folgen würden unsere deutschen Auswanderer in erster

Linie am eigenen Leibe spüren; aber auch ihren deutschen Landsleuten im Ausland sowie dem deutschen Ansehen im allgemeinen wird dadurch großer, oft nicht wieder gut zu machender Schaden zugefügt.

Die nachstehenden Grundsätze mögen daher dem deutschen Auswanderer als Richtschnur für sein Verhalten in der selbstgewählten neuen Heimat dienen:

Zwei Dinge sollst Du Dir ständig vor Augen halten:

1. Ich bin ein Deutscher.
2. Ich genieße die Gastfreundschaft eines fremden Landes.

Zu 1: Vergiß im neuen Lande Deine alte Heimat nicht!

Suche nicht, Dein Mutterland im Ausland schlecht zu machen. Glaube nicht, daß Du Dich dadurch bei Deinen Dienstherren oder sonstigen Ausländern, von denen Du abhängig bist, einschmeicheln und Dir eine angenehmere Stellung verschaffen könntest. Sie werden Dich nur verachten. Denn die meisten Völker, deren Länder als Einwanderungsländer in Frage kommen, haben ein hochentwickeltes Volksgefühl und verstehen nicht, daß ein Mensch sein Vaterland im Stich lassen kann.

Halte das deutsche Ansehen überall im Auslande hoch und in Ehren, und tritt dafür auch da, wo man in Dir einen Angehörigen des besiegten Landes sehen will, mit der Würde und mit dem Stolz ein, zu dem Dich die großen Taten des deutschen Volkes in der Geschichte berechtigen. Wenn sie Dir die angeblichen Greueltaten der Deutschen im Kriege vorwerfen, dann antworte, daß Gleiches und Schlimmeres von den feindlichen Armeen erwiesen ist, und schildere, was das deutsche Volk als Ganzes im Feld und in der Heimat in den vier Kriegsjahren an gewissenhafter Pflichterfüllung bis zum Tode, geduldigem Ertragen aller Mühseligkeiten und Treue zum Vaterland geleistet hat.

Suche, wenn irgendmöglich, Anschluß an andere deutsche Auswanderer, und pflege im neuen Kreise deutsche Sitte und deutsches Wesen. Sieh aber über Meinungsverschiedenheiten hinweg und mahne bei Zwistigkeiten zur Versöhnlichkeit. Die Menschen sind verschieden und man muß sie so nehmen, wie sie sind. Einigkeit macht stark.

Bewahre Dir Deine Muttersprache, und trachte nicht in falschem Dünkel danach, baldmöglichst für einen Ausländer gehalten zu werden. Die Ausländer lachen darüber nur. Die Sprache aber ist das Bindeglied zwischen Dir und Deiner Heimat.

Zu 2: Vergiß nicht, daß Du Deine neue Zukunft selbst gewählt hast. Stelle daher keine Forderungen, die wohl in Deutschland berechtigt sein könnten, nicht aber in dem Lande Deiner neuen Heimat; und beschwere Dich nicht über zu harte Arbeit, selbst wenn sie unter dem Stande Deiner bisherigen Verhältnisse ist. Der Einwanderer wird im neuen Lande nach dem Wert seiner Leistungen eingeschätzt. Für Müßiggänger ist im Auslande kein Raum.

Achte die Sitten und Gebräuche Deiner neuen Mitbürger. Begegne ihnen mit Höflichkeit, aber auch mit Würde und Stolz, wo man Dich als Deutschen zu beleidigen sucht. Du hast ein Recht darauf, auch nach dem Kriege, als gleichberechtigter Weltbürger behandelt zu werden, besonders in der früheren deutschenKolonie Südwestafrika.

6. Der Wortlaut der Mandatsbestimmungen des Völkerbundes für Südwestafrika.

Die „Times" haben folgenden Wortlaut des Mandats für Südwest veröffentlicht:

An den Rat des Völkerbundes.

Mandat für Deutsch-Südwest.

Da nach Art. 119 des Friedensvertrages mit Deutschland, der am 28. Juni 1919 unterzeichnet wurde, Deutschland auf alle seine Rechte auf seine überseeischen Besitzungen zugunsten der alliierten und assoziierten Hauptmächte verzichtet hat, in welchem Verzicht Deutsch-Südwestafrika eingeschlossen ist,

und da die alliierten und assoziierten Hauptmächte übereinkamen, daß nach Art. 22 I. Teil (Pakt des Völkerbundes des genannten Vertrages) Seiner Britannischen Majestät ein Mandat zu geben, das von der Union von Südafrika ausgeübt werden soll, das genannte Gebiet zu verwalten, und die alliierten und assoziierten Mächte vorgeschlagen haben, daß das Mandat unter folgenden Bedingungen festgesetzt werden soll;

da Seine Britannische Majestät für und im Namen der Union von Südafrika zugestimmt hat, das Mandat für das genannte Gebiet anzunehmen und sich verpflichtet hat, es im Namen des Völkerbundes unter folgenden Bedingungen auszuüben; und

da nach dem obengenannten Art. 22, Par. 8 bestimmt wird, daß die Ausdehnung der Autorität, Kontrolle oder Verwaltung ausdrücklich vom Rat des Völkerbundes bestimmt werden soll, da sie nicht vorher von den Mitgliedern des Völkerbundes bestimmt wurde,

wird das genannte Mandat bestätigt und werden die Bedingungen wie folgt festgelegt:

Artikel 1. — Das Gebiet, das Seiner Britannischen Majestät für und im Namen der Regierung der Union von Südafrika (in diesem Schriftstück der Mandatar genannt) übergeben wurde, umfaßt das Gebiet, das früher das deutsche Schutzgebiet Südwestafrika ausmachte.

Artikel 2. — Der Mandatar soll volle Vollmacht haben, das Gebiet zu verwalten und darin Gesetze zu erlassen, abhängig von dem gegenwärtigen Mandat als integraler Teil der Union von Südafrika, und kann die Gesetze der Union von Südafrika auf das Gebiet in Anwendung bringen, mit solchen örtlichen Änderungen, die die Umstände verlangen,

Der Mandatar muß bis zum äußersten das materielle und moralische Wohl und den sozialen Fortschritt der Bewohner des Gebietes fördern unter Berücksichtigung des gegenwärtigen Mandates.

Artikel 3. — Der Mandatar muß dafür sorgen, daß der Sklavenhandel verboten wird und daß keine Zwangsarbeit gestattet wird, außer für notwendige öffentliche Arbeiten und Dienste, und dann nur gegen angemessene Vergütung.

Der Mandatar muß auch dafür sorgen, daß der Handel in Waffen und Munition unter Kontrolle steht nach den im Pakt festgesetzten Prinzipien über Kontrolle des Waffenhandels, der am 10. September unterzeichnet wurde oder nach irgend einem Pakt, der diesen ändert.

Verabfolgung von berauschenden Getränken an Eingeborene ist verboten.

Artikel 4. — Militärische Ausbildung von Eingeborenen außer für Polizeizwecke und örtliche Verteidigung des Gebiets ist verboten. Es darf keine Truppen- oder Flottenbasis innerhalb des Gebiets errichtet und es dürfen keine Befestigungen gebaut werden.

Artikel 5. — Vorbehaltlich der Bestimmungen eines örtlich bestehenden Gesetzes zur Aufrechterhaltung der öffentlichen Ordnung muß der Mandatar Gewissensfreiheit und freie Ausübung aller Formen des Gottesdienstes sicherstellen. Allen Missionaren, die Staatsangehörige eines Staates sind, der dem Völkerbunde angehört, muß gestattet werden, in das Gebiet einzureisen und in demselben zu wohnen, um ihrem Beruf nachzukommen.

Artikel 6. — Der Mandatar muß dem Rat des Völkerbundes einen jährlichen Bericht vorlegen, der zur Zufriedenheit des Rates volle Mitteilungen über das Gebiet enthält und die Maßnahmen anführt, die getroffen wurden, um Artikel 2, 3, 4 und 5 durchzuführen.

Artikel 7. — Zur Änderung der gegenwärtigen Bedingungen des Mandats ist die Genehmigung des Rates des Völkerbundes erforderlich.

Der Mandatar erklärt sich damit einverstanden, daß, im Falle eine Streitigkeit zwischen ihm und anderen Mitgliedern des Völkerbundes über die Auslegung oder Handhabung der Bestimmungen entsteht, eine solche Meinungsverschiedenheit, falls sie nicht durch Verhandlungen beigelegt werden kann, dem permanenten internationalen Gerichtshof übergeben wird, der nach Artikel 14 des Paktes des Völkerbundes errichtet wird.

Diese Erklärung soll in den Archiven des Völkerbundes hinterlegt werden. Beglaubigte Abschriften werden durch den Generalsekretär des Bundes an alle Signatarmächte des Friedensvertrages mit Deutschland übersandt.

Genf, den 17. Dezember 1920.

Sachregister.

SÜDAFRIKA

(unter Einschluß von SÜDWESTAFRIKA)

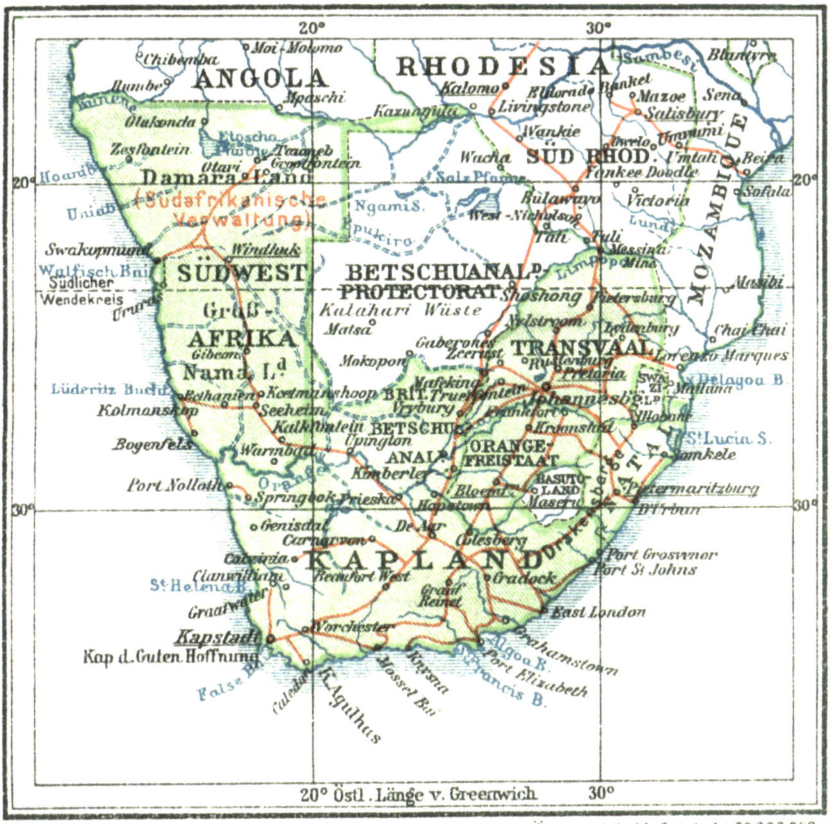

Aus: „Weltkarte in Merkator's Projektion". Äquatorial-Maßstab 1 : 28 000 000.

Verlag von L. Friederichsen & Co., Hamburg

FSC
www.fsc.org
MIX
Papier | Fördert gute Waldnutzung
FSC® C083411

Zeitfracht Medien GmbH
Ferdinand-Jühlke-Straße 7
99095 Erfurt, Deutschland
produktsicherheit@kolibri360.de